········经·济·学·论·丛········

武汉工业学院经济与管理学院和湖北省高校人文社会科学
重点研究基地——非传统安全研究中心共同资助出版

基于供应链的蔬菜质量安全治理研究

汪普庆 著

武汉大学出版社

图书在版编目(CIP)数据

基于供应链的蔬菜质量安全治理研究/汪普庆著. —武汉:武汉大学出版社,2012.1
(经济学论丛)
ISBN 978-7-307-09420-8

Ⅰ.基⋯ Ⅱ.汪⋯ Ⅲ.计算机应用—蔬菜—生产—质量管理—研究—中国 Ⅳ.S630.9-39

中国版本图书馆 CIP 数据核字(2011)第 279903 号

责任编辑:柴 艺　　责任校对:刘 欣　　版式设计:詹锦玲

出版发行:**武汉大学出版社** （430072　武昌　珞珈山）
（电子邮件:cbs22@whu.edu.cn　网址:www.wdp.com.cn）
印刷:湖北省京山德兴印务有限公司
开本:720×1000　1/16　印张:12　字数:166 千字
版次:2012 年 1 月第 1 版　　2012 年 1 月第 1 次印刷
ISBN 978-7-307-09420-8/S·39　　定价:25.00 元

版权所有,不得翻印;凡购我社的图书,如有质量问题,请与当地图书销售部门联系调换。

前　言

食品安全关系到民众的身体健康和生命安全，关系到经济健康发展和社会稳定和谐，关系到政府和国家的形象。我国人民日常生活中不可缺少的蔬菜，其质量安全的总体形势不容乐观。最近几年，我国蔬菜农药残留超标现象依然普遍存在，食用蔬菜中毒事件时有发生，因蔬菜质量安全问题引发的国际贸易争端事件日益增多。自20世纪末以来，我国政府相继出台了一系列的法律法规以及相关政策，采取了一系列食品安全专项整治行动等，然而，这些相关举措似乎并没有取得明显的成效。从现实情况来看，我国蔬菜质量安全长期处于信息严重不对称的低水平均衡状态，而且，政府至今仍然未找到解决蔬菜质量安全问题的有效办法。

蔬菜质量安全对于保障我国人民的身体健康，促进我国蔬菜产业的可持续发展以及维护社会稳定和谐都具有极其重要的意义，因此，探索一条引导我国蔬菜质量安全水平从现阶段的低质量、不安全、低效率均衡演化到高质量、安全、高效率均衡的途径，从根本上保障蔬菜质量安全，成为一个急需解决的重要问题。

考虑到现实中微观行为主体具有有限理性、适应性、学习和偏好改变等特性，以及我国蔬菜质量安全问题的复杂性，传统的研究方法难以揭示其运作逻辑，而基于主体建模的计算机仿真方法，为研究行为、组织和制度的演化提供了有效工具。本书在现有研究成果的基础之上，运用经济学、管理学和行为科学等领域的相关理论，结合大量深入的实地调研，剖析我国蔬菜质量安全的现状、问题及原因，并采用基于主体的建模方法和仿真技术，参照生鲜蔬菜供应链的运作流程，选择政府、农户和批发商三类行为主体，通过对各类行为主体的行为规则的设定和参数的调查，建立我国蔬菜质量安全的计算机仿真模型，模拟不同监管政策的效果以及各类主体的演化过程，探讨我国现行背景下，涉及蔬菜的政府监管者、农户、批发商及供应链组织之间相互作用的机制，以及他们的共同作用对整个蔬菜质量安全状况的影响，并用案例研究的实证方法加以验证，以此为基础，提出相应的蔬菜质量安全治理机制，从而为我国政府相关部门和人员制定政策提供科学可靠的依据。

本书的主要内容由以下四个部分共八章组成：

第一部分为导论和文献综述，由第一章和第二章组成。导论部分主要提出了研究蔬菜质量安全问题的背景与意义，介绍了本研究的目的、主要内容、方法、拟解决的关键问题、研究框架以及创新之处。文献综述部分则主要是在经济学和管理学领域，围绕相关核心概念和所研究的问题对国内外蔬菜质量安全以及食品安全相关的理论和研究进展进行了回顾与评述。

第二部分为理论分析与实地调研，包括第三章和第四章。该部分运用经济学的相关理论，特别是新制度经济学领域的产权、交易成本和治理机制等理论，对我国蔬菜质量安全现状、问题和原因进行了探讨，并基于大量实地调研对我国蔬菜供应链的组织模式进行了分析和归纳。

第三部分为建立仿真模型、系统仿真、结果分析与检验，由第五、六、七章组成。该部分先应用基于主体建模的方法建立一个包括农户、批发商和政府三类主体的蔬菜供应链模型，然后通过计算机程序实现仿真模型，模拟各类主体之间的互动，并对仿真结果进行分析。最后，运用案例分析对部分仿真结果进行验证。

第四部分为研究结论与政策建议，即第八章，根据前面部分的分析得到结论，并提出相应的政策建议以及值得进一步研究的问题。

本书的主要研究结论如下：

1. 在当前政府监管的背景下，即实行分段式监管，且抽检频率和罚款力度较低的情况下，现阶段我国实行的规模小而分散、组织化程度低的蔬菜生产经营方式难以保障蔬菜质量安全；即使加大罚款力度，提高抽检频率，仍然效果甚微，反而大大加重了政府的监管成本。

2. 一旦外部环境有对蔬菜质量安全的要求，供应链就会实现某种程度的一体化，并且，对质量安全的要求越高，供应链的一体化程度就越高，而一体化程度越高，农户规模就会越大。也就是说，没有严格的市场检测，没有来自市场的压力，就没有一体化的组织，也就无法保障蔬菜的质量安全；农户的规模越大，其专用性资产（经营面积、社会资本、押金等）越多，越有积极性讲究信誉；有组织的农户比无组织的散户更注重信誉。简而言之，供应链中纵向协作越紧密（一体化程度越高），其提供的蔬菜的质量安全水平相应地也就越高。

3. 蔬菜供应链的一体化程度越高，组织化程度越强，供应链中参与方之间的关系越紧密，政府的监管效率越高，成本越低。政府通过加强对供应链末端的监管，充分利用供应链的内部控制机制来控制蔬菜的质量安全，将政府监管压力和市场压力与信息迅速传递到整个供应链的所有参与者，降低政府的监管成本，同时推动市场机制演化，形成公私合作治理机制。

4. 相对于我国现行的分段式蔬菜安全监管体制而言，一体化监管是一种交易成本更低、效率更高、效果更好的监管体制。在一体化监管体制下，产权界定会更清晰，内部的管理取代了部门之间的协调，同时，会更有效地促进蔬菜质量安全信息的传递和透明化，并将促进纵向协作式和一体化的供应链的形成，利用供应链中信誉机制来保障整个蔬菜的质量安全，其结果是较低的交易成本、更高的蔬菜质量安全水平和更多交易剩余的实现。政府的一体化监管和供应链的一体化是两种有效率的信号生产与知识管理制度，相互依赖，协同演化。

5. 信任、文化和道德等非正式制度，也是非常重要的蔬菜质量安全治理机制，对我国蔬菜质量安全的演化路径和演化速度都起着十分重要的作用。正如仿真系统和现实情况所证实的，当一个社会的信任度普遍较低时，很难从低水平的均衡演化到高水平的均衡；长期锁定于低质量安全水平的状态，无法保障蔬菜的质量安全。

目 录

1 引言 …………………………………………………………… 1
　1.1 研究背景和意义 ………………………………………… 1
　1.2 研究问题的提出 ………………………………………… 3
　1.3 研究目的与拟解决的基本问题 ………………………… 4
　1.4 研究的主要方法 ………………………………………… 6
　1.5 研究的框架与内容 ……………………………………… 9
　1.6 主要的创新与不足 ……………………………………… 10

2 相关文献综述 ……………………………………………… 13
　2.1 相关概念的界定与内涵 ………………………………… 14
　2.2 政府监管与食品安全 …………………………………… 19
　2.3 供应链治理结构与食品安全 …………………………… 23
　2.4 文献评述 ………………………………………………… 32

3 我国蔬菜质量安全的现状与问题分析 …………………… 34
　3.1 我国蔬菜质量安全的现状 ……………………………… 34
　3.2 监管体制的现状及问题分析 …………………………… 40
　3.3 蔬菜质量安全问题的成因分析 ………………………… 45

4 蔬菜供应链的组织模式分析 ……………………………… 49
　4.1 我国蔬菜供应链的主要组织模式 ……………………… 49
　4.2 发达国家蔬菜供应链的主要组织模式 ………………… 55
　4.3 启示与发展趋势 ………………………………………… 58

5 蔬菜供应链仿真模型的构建 …………………………… 60
　5.1 基于主体（Agent）建模 ……………………………… 61
　5.2 仿真模型的目标与结构 ………………………………… 66
　5.3 农户主体的设计与描述 ………………………………… 68
　5.4 批发商主体的设计与描述 ……………………………… 75
　5.5 政府主体的设计与描述 ………………………………… 79
　5.6 模型参数和变量的说明 ………………………………… 81

6 仿真系统的实现与仿真结果分析 ……………………… 84
　6.1 仿真系统的实现与说明 ………………………………… 84
　6.2 仿真结果分析 …………………………………………… 91
　6.3 小结 ……………………………………………………… 96

7 供应链对蔬菜质量安全的影响及其机制的案例研究 … 98
　7.1 案例介绍与研究 ………………………………………… 98
　7.2 供应链组织模式对蔬菜质量安全的影响 …………… 109
　7.3 供应链组织模式对保障蔬菜安全的机制分析 ……… 111
　7.4 小结 …………………………………………………… 114

8 结论、对策与研究展望 ………………………………… 115
　8.1 主要研究结论 ………………………………………… 115
　8.2 政策建议 ……………………………………………… 116
　8.3 研究展望 ……………………………………………… 119

附录 1 食品安全监管体制对蔬菜供应链的影响 ………… 120
附录 2 发达国家食品安全监管体制改革 ………………… 124
附录 3 中国政府在食品安全监管体制改革方面的探索 … 129
附录 4 常用的 Multi-Agent 仿真工具 …………………… 133
附录 5 中华人民共和国食品安全法 ……………………… 140

参考文献 ……………………………………………………… 164
后记 …………………………………………………………… 178

英文缩略词表（Abbreviation）

英文缩写	英文全称	中文名称
ABM	Agent-Based Modeling	基于主体建模
BSE	Bovine Spongiform Encephalopathy	牛脑海绵状病（疯牛病）
BRC	British Retail Consortium	英国零售商协会
CAC	Codex Alimentarius Commission	国际食品法典委员会
CAS	Complex Adaptive System	复杂适应系统
EAN	European Article Numbering Association	欧洲物品编码协会
EUREP	Euro-Retailer Produce Working Group	欧洲零售商协会
FDA	Food and Drug Administration	美国食品药品管理局
GAP	Good Agriculture Practice	良好农业规范
GMP	Good Manufacturing Practice	良好操作规范
GAO	Government Accountability Office	美国审计总署
HACCP	Hazard Analysis and Critical Control Point	危害分析与关键控制点
ISO	International Organization for Standardization	国际标准化组织
MAS	Multi-Agent System	多主体系统
OECD	Organization for Economic Cooperation and Development	经济合作和发展组织
TBT	Technical Barrier to Trade	贸易技术壁垒
SSOP	Sanitation Standard Operating Procedure	卫生标准操作程序
USDA	United States Department of Agriculture	美国农业部
WHO	World Health Organization	世界卫生组织
WTO	World Trade Organization	世界贸易组织

1 引 言

1.1 研究背景和意义

近年来,我国重大食品安全事件频发,特别是进入 2011 年以来,仅 2011 年 3 月到 5 月间,经媒体曝光有较大影响的食品安全事件就有十多起,如"瘦肉精"、"染色馒头"、"毒豆芽"、"牛肉膏"、"毒生姜"事件等。特别是"双汇瘦肉精"和"染色馒头"等恶性重大食品安全事件,影响范围之广、破坏程度之深,几乎使消费者对我国整个食品行业完全丧失信心;使民众对食品安全产生了前所未有的疑虑和恐惧心理。人们日常生活中不可缺少的蔬菜,其质量安全则是食品安全问题中的"重灾区"。

蔬菜是生活必需品,在我国农业经济中占有十分重要的地位,自 20 世纪改革开放以来,我国蔬菜产业得到了迅速发展,现已经成为我国种植业中仅次于粮食的第二大产业,并已成为世界上第一蔬菜生产国。据中国农业部统计,2009 年全国的蔬菜播种面积为 0.18 亿 hm^2(约占世界蔬菜总种植面积的 43%),同比增加了约 33 万 hm^2;总产量达到 6.02 亿吨(约占世界蔬菜总产量的 49%),同比增加了 2684 万吨;全国蔬菜(含西甜瓜)总产值约 8800 亿元;人均占有量超过 440 公斤,超出世界平均水平 200 多公斤;蔬菜已经成为我国主要出口农产品之一,2010 年出口量达到 844.6 万吨,同比增长 5.1%,出口额连续 12 年保持增长,再创历史新高,达到 99.9 亿美元,同比增长 45.2%,占全国农产品出口总额的 20.2%,比上年增加 2.8%。然而,在蔬菜产业快速发展并逐渐成为农业和农村经济发展的支柱产业的同时,蔬菜的质量安全问题也日益凸显,并成为民众关注的焦点。①

当前我国的蔬菜质量安全总体形势十分严峻,主要表现在:

(1) 尽管2003年至2011年,我国蔬菜质量安全总体合格率持续上升,特别是近3年合格率连续保持在96%以上。然而,我国的蔬菜农药残留超标现象依然普遍存在,而且,有些地方或有些品种的问题非常严重,其质量安全合格率不及90%,甚至更低,农药残留超标高达数十倍。

(2) 食用蔬菜中毒事件时有发生。继2010年初海南输出的豇豆在武汉、深圳等多个城市被检出高毒农药水胺硫磷,引起一片恐慌后,仅2010年4月一个月,短时间内全国各地发生多起蔬菜残留农药中毒事件。山东省青岛市自4月1日起连续出现韭菜残留农药中毒事件,仅4月7日,当地医院急诊室就接诊了9名腹部绞痛、双腿发软的中毒者;4月17日,山东省日照市27人因韭菜残留农药中毒,其中5人住院治疗;4月26日,江苏省常州市35人因韭菜残留农药中毒入院。上述仅为韭菜残留农药中毒事件,并且,被统计和报道的蔬菜中毒事件,仅仅是临床检验出的蔬菜残留农药显性中毒事件,相比未赴医院就诊和隐性中毒者,它只是冰山一角。②

(3) 因蔬菜质量安全问题引发的贸易争端事件日益增多。根据美国食品药品管理局(FDA)扣留农产品的记录统计,我国因农药残留超标问题而被拒绝的蔬菜及蔬菜产品的出口最多,占据出口受阻品种的榜首。从2005年5月到12月,被美国FDA拒绝的

---

① 2006年初,上海市食品药品监督管理局与国家统计局上海调查总队联合完成了上海市民食品安全意识调查。这是国内首份"市民食品安全意识调查报告"。调查表明,39.5%的居民对食品安全表示很关注,45.8%的居民对食品安全表示关注。而对上海市食品安全现状的态度调查中,蔬菜中农药高残留以86.1%高居市民最关心的食品安全问题榜首。2006年9月宁波市做的一份问卷调查显示,市民也将蔬菜的安全问题列为首位。2009年11月杭州市做了一份食品质量安全方面的问卷调查,调查数据统计结果显示,市民在食品质量安全上最关注的食品为:蔬菜、奶制品和粮食。

② http://blog.ifeng.com/article/5733956.html

案例记录有183例，其中因农药残留超标问题被拒绝的出口案例为117例，占总数约64%。2007年日本扣留我国农产品、食品共439批次，其中因农药残留超标被扣的蔬菜为120批，占被扣产品的27.33%。

由此可见，涵盖蔬菜质量安全的食品安全问题不仅仅是一个经济问题，同时也是一个政治问题和社会问题。它关系到国计民生、经济发展、现代化建设、国家安全、社会稳定等一系列的重大战略问题。[①]

因此，研究蔬菜质量安全的治理机制，以及保障机制与途径，对于提高我国人民的身体健康，促进我国蔬菜产业的可持续发展以及维护社会稳定和谐都具有极其重要的理论与现实意义。

1.2 研究问题的提出

当前，食品安全已经成为现代社会的热点和焦点问题，受到各级政府和相关职能部门、社会各界各阶层人士以及学者们的高度重视和普遍关注。因蔬菜为日常生活必需品且消费量大，以及其产品特性[②]，蔬菜的质量安全问题更是受到公众的特别关注。

自20世纪90年代以来，随着我国蔬菜生产能力显著提高，蔬菜总量持续增长，人民收入不断增加，蔬菜质量安全问题逐渐突显出来。经过政府和社会各界人士数十年的努力，我国的农产品质量安全法和食品安全法等法律法规相继颁布实施，农业标准化稳步推进，蔬菜质量安全总体水平得到了稳步提高。尽管蔬菜质量安全状

---

① 2011年6月29日，全国人大常委会组成人员提出"将食品安全列入国家安全"的建议，并将之与金融安全、粮食安全、能源安全、生态安全相提并论。实际上，食品安全原本就应该是国家安全的一个基本组成部分。

② 蔬菜的特点为：生产中病虫害多，病虫种类复杂；上市鲜活性要求高，货架期短；蔬菜生长期短，肥水要求高；蔬菜品种多，栽培管理难度大。这些特点决定了蔬菜质量安全的控制相对其他农产品难度更大，危害和风险更大，更易出现质量安全问题。参见：周洁红. 生鲜蔬菜质量安全管理问题研究——以浙江省为例. 中国农业出版社，2005：55-59.

况不断改善,但我国蔬菜质量安全总体形势仍然不容乐观。不断发生的蔬菜质量安全事件和普遍存在着农药残留超标的现实清楚地表明,我国蔬菜质量安全问题并未得到有效控制,与公众对食品安全的要求还有很大差距。那么,是什么原因导致了我国当前蔬菜质量安全的问题?怎样从根本上解决这个问题?

蔬菜质量安全（食品安全）问题是多重因素共同作用而成的复杂性问题；是政府、农户、相关企业和消费者等主体共同作用的结果,且涉及政府监管体制、社会文化背景、生产者规模、供应链的组织结构和消费者行为等多重因素。从现有的学术研究来看,主要是针对某个单方面因素（如生产者、消费者和政府等,或是生产环节、加工环节、销售环节等）而进行的,即使考虑了多因素,也未考虑多因素之间的相互影响,更少有研究从演化的角度考虑这些因素。事实上,解决蔬菜质量安全问题并不能仅靠单个治理机制的作用,也不是靠多个治理机制简单叠加,共同作用就行。如果考虑到行为主体的有限理性、适应性和学习能力,制度与偏好的共生演化特性以及制度的互补与挤出效应等,我国蔬菜质量安全的治理问题从某种意义上讲是一个演化的问题,其核心是如何引导从现阶段的低质量不安全低效率均衡演化到高质量安全高效率均衡。① 因此,寻找一条有效可靠的演化路径成为解决我国蔬菜质量安全问题的关键,并成为一个非常值得研究的重要问题。

1.3 研究目的与拟解决的基本问题

1.3.1 研究目的

虽然近年来我国蔬菜质量安全的主要问题——农药残留超标情

---

① 这里所谓的"低质量不安全低效率"的均衡是指,现阶段,信息严重不对称,信誉机制无法作用,市场为"柠檬市场",政府监管激励不足,效率低下的一种状况；而"高质量安全高效率"是指,信息对称,信誉机制有效运行,政府监管有力有效的一种状况。

况在绝大多数城市呈下降趋势，但是，我国的蔬菜农药残留超标现象依然普遍存在，蔬菜质量安全事件频发，蔬菜因质量安全不合格而出口屡次受阻；同时，从20世纪末以来，政府出台了一系列的法律法规，包括《农产品质量安全法》和《食品安全法》，实施了"食品安全行动计划"和食品安全专项整治行动等，然而，这些相关举措似乎并没有取得明显的效果。从实践和现实情况来看，我国蔬菜质量安全长期处于低水平均衡状态，而且，政府至今仍然未找到解决蔬菜质量安全问题的有效办法。

目前，我国蔬菜质量安全问题的根源在于：众多影响因素同时存在，且这些因素之间又存在着相互作用，特别是政府的监管政策与微观主体的适应性行为（制度和偏好）存在共生演化特性，单一的监管政策会导致问题向未加控制的方面"转移"，而综合治理政策又并非各项政策的简单叠加。因此，有必要建立蔬菜质量安全的演化模型，综合评估蔬菜质量安全政策的效果，同时将微观主体的决策和学习行为形式化。这些是传统的研究方法无法实现的，而近年来的计算仿真方法与技术和演化经济理论的发展，为相关研究提供了基础。

本研究的目的在于：运用经济学、管理学和行为科学等领域的相关理论，结合大量深入的实地调研，剖析我国蔬菜质量安全的现状、问题及原因，并采用基于主体（Agent）的建模方法和仿真技术，参照生鲜蔬菜供应链的运作流程，选择政府、农户和批发商三类主体，通过对各类主体的行为规则的设定和参数的调查，从而建立我国蔬菜质量安全的计算机仿真模型，模拟不同监管政策的效果以及各类主体的演化过程，探讨我国现行背景下政府监管者、农户、批发商及蔬菜供应链组织之间相互作用的机制，以及他们的共同作用对整个蔬菜质量安全状况的影响，并用实证加以验证，以此为基础，提出相应蔬菜质量安全治理机制，从而为我国政府相关部门和人员制定政策提供可靠的依据。

1.3.2 拟解决的基本问题

根据上述的研究目的与意义，本书拟解决的基本问题如下：

（1）运用经济学和管理学等相关理论与方法，通过描述和分析我国蔬菜质量安全的现状及其监管体制存在的弊端，深入剖析我国蔬菜质量安全问题产生的原因，揭示其背后的逻辑。

（2）通过对湖北、浙江和山东等地的调研，深入了解我国蔬菜供应链的结构及其运作过程，分析总结我国蔬菜供应链的组织模式。

（3）以理论和调研为基础，建立一个蔬菜供应链的模型，并用计算机仿真技术将其实现，然后，通过改变参数模拟农户、批发商以及供应链组织在不同政府监管政策下（抽检的概率、频率，检测点的选择和监管体制等）的演化过程和发展趋势，同时分析不同政府监管模式的效果与效率。

（4）运用案例研究法，比较分析不同供应链的组织模式对蔬菜质量安全的影响及其对蔬菜质量安全的控制机制，阐释我国多种蔬菜供应链的组织模式并存的现象和原因，并对部分仿真结果进行检验。

（5）针对保障我国蔬菜质量安全的目标，基于相关分析，提出相应的政策与建议。

1.4 研究的主要方法

本书采用理论分析与实证研究相结合的研究方法。其中，理论分析部分主要应用了交易成本理论、产权理论、信息不对称理论、（演化）博弈论和复杂适应性系统理论等理论，并且基于理论分析和实地调研，建立仿真模型。实证研究综合运用案例研究和大量调查等方法，对理论分析和仿真结果进行验证。总之，力求做到理论分析有据可查，实证分析有理可循。主要的具体研究方法如下文所述。

1.4.1 文献资料法

文献资料法，亦称"文献资料研究法"或"历史研究法"，就是利用各种渠道对文献和资料进行合理的搜集与应用以获得间接理论知识的一种方法。笔者围绕蔬菜质量安全与食品安全管理这一主题，根据国内外在相关领域已取得的学术研究进展，主要集中在最近十多年来的经济学和管理学领域，包括理论和实证两方面的研究成果，探索可以借鉴的理论、研究视角和研究方法，发现已有研究中可能存在的不足，从而为本研究提供理论指导和方法分析的基础。

1.4.2 访问调查法

访问调查法，也称访谈法。就是研究者通过口头交谈等方式直接向被访问者了解社会情况或探讨社会问题的调查方法。访问调查法能够比各种间接调查方法了解到更多、更具体、更生动的社会情况和背景，可以为进一步的案例研究提供基础。本研究的早期阶段，作者与研究团队先后对农业部门的有关单位（湖北省农业厅、武汉市蔡甸区农业局、深圳市农产品检验检测中心等）、深圳市布吉农产品批发市场和某些蔬菜生产企业等机构或组织的有关负责人以及部分农户进行了开放式访谈，增加了对研究问题的感性认识，为深入研究奠定了基础。

1.4.3 计算机仿真法

计算机仿真（Computer Simulation），亦称计算机模拟或系统仿真，就是通过建立仿真模型，在计算机上再现真实的系统，并模拟真实系统的运行过程而得到系统解的一种研究方法（张涛，2005）。其基本方法就是建立系统的结构模型和量化分析模型，并将其转换为适合在计算机上编程的仿真模型，然后对模型进行仿真实验。系统仿真方法基本上可分为连续系统仿真方法和离散系统仿真方法，而且由于系统仿真具有良好的可控性、无破坏性、可重复性和经济性的特点，已成为理论分析和实物实验之后又一主要的认识客观世界规律性的强有力的手段和工具。系统仿真与演绎方法相同之处在于：系统仿真的时候，需要提出一系列外部假设，但这些假设不是用来推导定理的，系统仿真要利用这些假设生成一系列可以进行归纳分析的数据。① 本书将采用基于多主体建模的仿真方法来研究相关问题,该方法有助于探索作为一个具有大量互相作用单元的复杂系统可能存在普适的行为与规律,从微观角度入手,有助于发现微观机制和宏观现象之间的纽带和涌现(Emergence)机制,特别适合制度的演化研究。② 目前,运用基于主体的仿真研究已经很好地解释了诸如合作与协调、组织行为、社会规范(习俗和道德)的演化以及经济网络的形成等现象,被证明很适合于对这些现象进行建模;社会组织的形成与优化、文化道德和社会制度的形成、危机的产生等研究领域,也已成为基于主体建模研究的主要领域。总而言之,计算机仿真是研究行为问题方法上的新发展,是认知工具的创新;计算机仿真为行为研究、组织演化和制度演化提供了有效的工具,并为本书的相关分析提供了工具和依据。

1.4.4 案例研究法

案例研究(Case Study)方法比较适合对现实中某一个复杂或具体的问题进行深入、系统全面的考察。本书运用案例研究法对理论分析和部分仿真结果进行检验。为了保证研究的有效性和可靠性,笔者选取了多种不同的蔬菜供应链组织模式进行比较分析,在调查过程中注重通过多渠道多层面(农户、企业、消费者、批发商、政府)搜集相关信息和资料,以甄别不符合事实和逻辑的数据。

---

① 系统仿真方法是一种合成型的方法,融合了演绎和归纳法,系统仿真过程中既用到了演绎法又用到了归纳法。演绎是从一般前提(假设)到特定结果或结论的推理过程;归纳是从特殊的事实或结果得出关于一般事实或结果的结论的推理。系统仿真与典型的归纳法不同的是,系统仿真的数据不是来自对现实世界的直接度量,而是严格按事先设定的规则生成的。

② 关于基于多主体建模(Multi-Agent Based Modeling)方法的思想和步骤,本书第五章有详细介绍;另外,社会经济系统、生态系统和供应链组织或网络都可以看做是复杂适应系统。

1.5 研究的框架与内容

1.5.1 研究框架

本书按以下基本思路进行展开：首先，针对问题，大量文献阅读与社会调研相结合，认识和抽象现实的运作逻辑，并提出假设；然后，以理论分析与实地调研为基础，按现实运作的逻辑建立仿真模型；接下来，模拟各参与主体相互作用的动态过程；最后，进行数据分析、假设检验，得出结论。其基本思路与框架如图 1-1 所示。

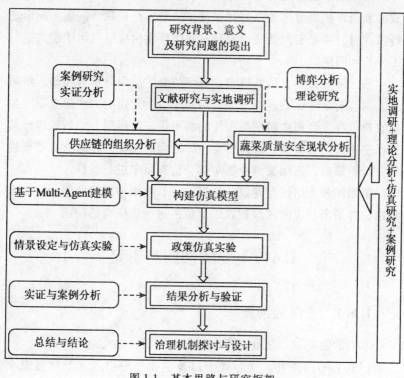

图 1-1 基本思路与研究框架

1.5.2 研究内容

根据上述的基本思路与研究框架，本书的主要内容由以下四个部分共八章组成：

第一部分为导论和文献综述，由第一章和第二章组成。导论部分主要提出了研究蔬菜质量安全问题的背景与意义，介绍了本研究的目的、主要内容、方法、拟解决的关键问题、研究框架以及创新之处。文献综述部分则主要是在经济学和管理学领域，围绕相关核心概念和所研究的问题对国内外蔬菜质量安全以及食品安全相关的理论和研究进展进行了回顾与评述。

第二部分为理论分析与实地调研，包括第三章和第四章。该部分运用经济学的相关理论，特别是新制度经济学领域的产权、交易成本和治理机制等理论，对我国蔬菜质量安全现状、问题和原因进行了探讨，并基于大量实地调研对我国蔬菜供应链的组织模式进行了分析和归纳。

第三部分为建立仿真模型、系统仿真、结果分析与检验，由第五、六、七章组成。该部分先应用基于主体建模的方法建立一个包括农户、批发商和政府三类主体的蔬菜供应链模型，然后通过计算机程序实现仿真模型，模拟各类主体之间的互动，并对仿真结果进行分析。最后，运用案例分析对部分仿真结果进行验证。

第四部分为结论与建议，即第八章，根据前面部分的分析得出结论，并提出相应的政策建议以及值得进一步研究的问题。

1.6 主要的创新与不足

1.6.1 主要的创新

本书的主要创新之处在于以下三个方面：

（1）将有限理性、学习能力以及演化思想引入蔬菜质量安全的治理研究，并在考虑微观主体的适应性行为的前提下，研究政府监管政策的效率。现实中的微观行为主体在决策时，并非完全理性，即有限理性；同时，他们也具备学习能力，按一定的规则进行学习。从以往的情况来看，我国政府往往在出台一些法规政策后，一旦发现短期效果不显著，就匆忙改弦易辙，再重新出台另一些新的政策。这样，不太注重制度的持续性、连续性和长期效果，也没有充分考虑微观主体的适应性反应，常常导致法律法规的实施效果不佳，蔬菜的质量安全无法得到保障。基于上述考虑，将有限理性、适应性、偏好的变化（突变）和学习等引入模型，研究蔬菜质量安全问题，这是以往的研究少有涉及甚至是难以实现的。

（2）以政府与蔬菜供应链组织的互动演化为切入点，探讨我国蔬菜质量安全问题的治理机制和逻辑。目前，关于政府监管与蔬菜供应链组织之间相互作用机制的研究较少，而且，大多数研究仅涉及两类交易者或行为主体，对于涉及多角色或多类主体的研究还不多。本书将分析蔬菜供应链的组织模式对农户和批发商行为的影响、政府监管对农户和批发商行为的影响，以及供应链组织与政府监管之间的相互作用机制。这为蔬菜质量安全以及食品安全问题的研究提供了新的视角。

（3）研究方法上的创新。基于主体的仿真是近年来才得到逐步应用的一种新方法，并成为理论分析和实物实验之后又一主要的认识客观世界规律性的强有力的手段和工具。本研究采用基于主体的建模方法构建一个蔬菜供应链的模型，并用计算机仿真的方法将其实现，通过改变参数模拟供应链组织在政府监管下的演化过程，其特点是能清晰地观察演化的动态过程和各主体之间明确的关系。这种将计算机仿真应用到蔬菜质量安全或食品安全的研究相当少，本书也只是在这方面进行初步的探索与尝试。①

---

① 将基于主体仿真的方法应用到经济学领域，仅仅是近十多年的事情，其中，以基于主体的计算经济学（Agent-Based Computational Economics, ACE）的产生与发展为代表；将该方法应用到农业经济领域的研究很少；而将其应用到食品安全方面的研究则更是少见。因此，笔者在这方面的探索，为今后其他食品的质量安全的治理机制与政策研究，提供了理论和方法论的基础和借鉴。

1.6.2 存在的不足

计算机仿真是对现实情况的一种模拟，其对现实的拟合度的优劣直接影响研究的效果和结论。仿真研究的关键在于对现实的抽象以及相应的参数设定，也即本书的难点。其中，对现实的抽象既要针对所研究的问题提取主要的因素，尽量逼近真实的情况，同时，又要避免对现实无限的逼近；而参数的设定则必须以现实为基础，并且，需要与现实情况不断对照，反复检验和调整参数，使参数的设定有理有据、真实可靠。由于存在着诸多条件的限制，本研究在研究视角、内容和方法方面有所突破的同时，也存在一些不足或需要进一步深入研究之处。

（1）蔬菜供应链仿真模型有待丰富和扩展。消费者无疑对蔬菜供应链、农户、批发商和政府都会产生影响。另外，蔬菜供应链的参与主体还包括零售商等其他角色。如果将消费者和零售商等也纳入模型，则会更加接近现实，而为了简单起见，这里仅将重点放在研究政府、农户和批发商之间的互动关系，未考虑其他行为主体。

（2）参数的设定还需要进一步检验和完善。模型参数的设定是一个非常重要而需要不断完善的过程，限于时间、精力和经费等条件的约束，本书仅对湖北、广东、山东和浙江等地的少数典型的蔬菜生产基地、蔬菜企业、批发市场和部分监管部门进行调研，而调研主要采用面谈和实地观察等手段，因此，对现实的了解还不够全面，调研的深度也还不够，从而导致模型的抽象和参数的设定与现实尚有一定的差距，需要不断完善。

2 相关文献综述

20世纪初，人们就开始关注食品安全问题；到20世纪中期，发达国家才开始对食品安全问题进行研究。随着消费者食品安全意识的提高和食品安全问题的日益突出，学术界对食品安全问题的研究越来越深入，特别是20世纪90年代以来，已积累了大量学术研究成果。仅从近年的学术研究看，食品安全领域的学术研究成果就已经十分丰富。归纳起来有以下特点：

首先，当前国内外学者对食品质量安全问题的研究通常是从三个角度进行的：一是从食品科学和技术等农业科学的角度，即通过培养农作物良种，探索无公害生产方式等技术，增强作物的抗病性等，从而提高安全水平；二是从信息技术和物流技术的角度，如采用可追踪系统或其他信息技术来实现食品从"农田到餐桌"的全程监控，保障食品安全；三是从经济学、管理学、心理学等角度，研究食品质量安全问题的产生原因、解决方法以及各相关主体的行为。

其次，从研究的内容来看，主要集中在下面几个方面：一是食品安全属性、质量与安全关系研究；二是消费者行为与国际贸易的研究；三是政府食品质量安全管理能力建设和国家体系建设；四是HACCP（Hazard Analysis Critical Control Point）体系、SSOP（Sanitation Standard Operating Procedure）标准①、农业标准化、可

---

① HACCP是危害分析关键控制点的简称。它作为一种科学的、系统的方法，应用在从初级生产至最终消费过程中，通过对特定危害及其控制措施进行确定和评价，确保食品的安全。在国际上，它被认为是控制由食品引起疾病的最为经济的方法，并就此获得FAO/WHO食品法典委员会（CAC）的认同。SSOP为"卫生标准操作程序"，是食品加工厂为了保证达到GMP的规定要求，确保加工过程中消除不良因素，使其加工的食品符合卫生要求而制定的，用于指导食品生产加工过程中如何实施清洗、消毒和卫生保持。

追踪系统①及分类农产品质量安全管理研究；五是食品安全规制的经济学分析与食品安全经济学问题研究；六是有关食品质量安全的生产者行为的研究（周洁红，2005；杨万江，2006）。

尽管国内外有关食品安全问题的文献众多，但以蔬菜为对象对其质量安全问题进行系统深入的研究并不多见。蔬菜质量安全问题与食品（或农产品）安全问题存在着许多共性，也有其独特性，因此，笔者将借鉴与蔬菜质量安全问题密切相关的食品（或农产品）安全的有关研究成果，以所研究的问题为主线，并仅对经济学和管理学领域的相关文献做一个回顾和比较，以理清食品安全经济学研究的脉络，为本研究奠定理论基础。加强政府监管（包括监管体制改革）与完善供应链组织的内部保障机制是解决我国食品安全问题（蔬菜质量安全问题）相辅相成的两个主要治理机制，因此，下文将主要从食品安全的相关概念、政府监管和供应链的内部治理三个方面对相关文献进行梳理，最后是对文献的简单评述。

2.1 相关概念的界定与内涵

2.1.1 食品安全问题的内涵

（1）食品安全的定义。食品安全（Food Safety），即食品质量安全，是一个综合性的概念，它包括消费者、特殊利益群体、科研学者、管理部门以及业界等对安全食品的理解。由于食品安全本身就是一个复杂和多层面的概念，任何单方面对食品安全的定义都是

---

① 可追踪系统又称可追溯系统（Traceability System，TS），指的是对食品供应体系中食品构成与流向的信息和文件的记录系统。可追溯性（Traceability）在 1987 年的 NF EN ISO 8402 中定义为：通过记录的标识追溯某个实体的历史、用途或位置的能力。这里的"实体"可以是一项活动或过程、一项产品、一个机构或一个人。对于产品而言，"可追溯性"一词指的是原料或部件的来源、产品的加工历史、产品配送过程中的流通和位置。

片面的，这导致学术界迄今仍然对食品安全没有一个明确统一且普遍接受的定义。1996年世界卫生组织（World Health Organization，WHO）在其发表的《加强国家级食品安全性计划指南》中将食品安全解释为"对食品按其原定用途进行制作和食用时不会使消费者受害的一种担保"；国际食品法典委员会（Codex Alimentarius Commission，CAC）对食品安全的定义是：消费者在摄入食品时，食品中不含有害物质，不存在引起急性中毒、不良反应或潜在疾病的危险性。通过不同的食品安全定义，我们可以将食品安全理解为：从生产到消费（包括贮藏、加工、运输和销售等）的食品链的各环节经过正确处理，安全的食品中不含可能损害或威胁人体健康的有毒、有害物质或因素，不会导致消费者急性（或慢性）毒害或感染疾病，或产生危及消费者及其后代健康的隐患。

根据上述定义，相应的蔬菜质量安全可以理解为：蔬菜从生产到消费都符合安全标准，蔬菜的食用具有安全性，不会对人体致病、致害，或产生危及消费者及其后代健康的隐患。

（2）食品安全与粮食安全。目前已经被国内学术界和产业界普遍接受并广泛应用的"食品安全"，对应于英文"Food Safety"，也即现在常常提到的"食品质量安全"，通常是指食品质量的安全，突出质量与健康。相应的"粮食安全"，也称"食品防御安全"或"食物供给安全"，对应于英文"Food Security"，通常是指食品数量的安全，即是否有能力得到或者提供足够的食物或者食品。联合国粮农组织（Food and Agriculture Organization，FAO）对粮食安全的定义：指所有人在任何时候都能在物质上和经济上获得足够、安全和富有营养的食物以满足其健康而积极生活的膳食需要。这涉及四个条件：①充足的粮食供应或可获得量；②不因季节或年份而产生波动或不足的稳定供应；③具有可获得的并负担得起的粮食；④优质安全的食物。

（3）食品安全问题的本质。基于消费者获取质量信息的方式或获取质量信息的难易程度，可以将产品分为：搜寻品（Search Goods）、经验品（Experience Goods）和信用品（Credence Goods）

三类（Nelson，1970；Darby 和 Karni，1973）。搜寻品是指消费者在购买前就能识别其质量，经验品是指消费者在消费后才能识别其质量，信用品则指消费者即使在消费后仍难以识别其质量。就生鲜蔬菜而言，蔬菜的大小、形状和颜色等外观特征具有搜寻品属性，蔬菜的口感、味道和韧性等特征则具有经验品属性，而蔬菜的农药残留量、重金属含量、硝酸盐含量以及是否转基因产品等则都属于信用品属性。

食品质量安全特征，如化学污染（农药和兽药残留）和微生物污染等，同时具有经验品和信用品属性，这导致了生产者和消费者之间（也包括生产者与政府以及消费者与政府之间）都面临着严重的信息问题，包括信息的对称不完全和信息的不对称不完全①（Antle，1995）。信息的不对称就会导致逆向选择的问题（Akerlof，1970）。因此，食品安全（蔬菜质量安全）问题的本质是由食品具有经验品和信用品属性而引起信息不对称所导致的逆向选择和道德风险问题。我国当前社会的基本背景是诚信和道德缺乏，而蔬菜农药残留具有信用品特征，交易过程中安全属性的产权界定成本比较高，这就为生产者使用农药的机会主义行为提供了条件。信息成本越高，信息不对称的程度就会越高，逆向选择与机会主义就会越严重。目前我国存在大量的食品安全问题主要是出于经济利益（降低成本、改进外观、提高产量）有意而为（伍建平，1999；王秀清等，2002；卫龙宝，2005）。

2.1.2 治理结构的内涵

治理结构（Governance Structure）或译为规制结构，是指完整

---

① 不对称信息（Asymmetric Information）指的是买者与卖者之间的食品信息不对称，食品信息对卖者是完全的，而对买者不完全；不完全信息（Incomplete Information）是指卖者或买者不了解食品质量安全特性；对称不完全信息（Symmetric Imperfect Information）是指买者和卖者信息都不完全；不对称不完全信息（Asymmetric Imperfect Information）是指对卖者信息完全，对买者信息不完全。

交易实施过程中的制度框架,一种契约关系的完整性和可靠性在其中得以决定(Williamson,1979)。具体而言,治理结构是指一组联结并规范经济组织中所有者、支配者、管理者各相关主体之间相互权利、责任、利益的系统制度安排。这一概念来源于新制度经济学(New Institutional Economics,NIE)①,由威廉姆森和张五常等人不断发展,其概念的内涵现已扩展到包含任何对交易进程产生影响的制度安排(Hesterley等,1990),既包括有权迫使人们服从的正式制度,也包括由成员协商认可的非正式制度。其中,正式制度是指人们有意识创造的、正式的、由成文的相关规定构成的规范体系。它们在组织和社会活动中具有明确的合法性,并靠组织的正式结构来实施,比如法律、合同规则、正式的行为守则和官方安排等。非正式制度,又称非正式约束或非正式规则,是指人们在长期交往中无意识地逐渐形成,并得到社会认可的约定俗成、共同恪守的行为准则,包括道德观念、伦理规范、风俗习惯、惯例、标准、声誉和文化等。因而,治理结构一般又称为治理机制、治理形式或治理模式等。

2.1.3 纵向协作的内涵

纵向协作或称垂直协作(Vertical Coordination),指的是协调产品的生产和营销相继各阶段的所有联系方式(Mighell 等,1963),包括市场交易、合同(契约)、战略联盟和纵向一体化等多种形式。其中,市场交易形式和纵向(垂直)一体化(Vertical Integration)形式是纵向协作的两个极端形式。市场交易形式是一

---

① 新制度经济学是以美国经济学家科斯(Ronald H. Coase)教授为先驱,以其拥护者奥列弗·威廉姆森(O. E. Williamson)、哈罗德·德姆塞茨(Harold Demsetz)、道格拉斯·诺斯(Douglass C. North)、詹姆斯·布坎南(James Buchanan)、张五常(Stephen N. S. Cheung)等为代表的一批经济学家所形成的一个经济学派。其核心思想为:任何交易都存在着交易费用,即任何经济运行都是有交易费用的,制度对于经济运行的绩效是至关重要的。其核心概念为"产权"和"交易费用"等。

种一次性的且双方之间信息交流有限的形式,交易一方能够给对方施加的控制仅仅限于参与价格发现过程并决定是否接受交易,属于控制强度最弱的一种形式;而纵向一体化形式则受上下级之间的层级关系控制,属于企业内部管理,是控制程度最强的一种形式。在市场交易和纵向一体化形式之间,还存在着合同和战略联盟等形式,其中,合同是最普遍的形式。农产品合同根据控制力度的不同,可以分为销售合同和生产合同两种类型(Mighell 等,1963)。销售合同指仅仅对产品质量、数量、价格和交易地点有约定的合同。生产合同是指产品的购买方不仅提供主要的生产资料,而且还大量介入农业生产决策过程的合同方式。因此,生产合同对农户的控制力度和控制范围要高于销售合同。不同的合同方式在风险的分担、控制程度和激励因素等方面都有着相当大的差别(Mahoney,1992)。对农产品生产者而言,合同的采用能有效地回避价格风险和生产风险。随着农业生产、加工及分销领域专业化程度的加深,科技进步以及来自消费者需求的推动,农业领域内的纵向协作形式也不断变化,从以市场交易为主的协作方式逐渐转向其他方式,包括合同生产、战略联盟和纵向一体化等形式(Marion,1985),即协作的紧密程度越来越高。

在前人研究的基础之上,美国学者 Peterson 等(2001)提出纵向协作连续体可以主要分为 5 种类型的纵向协作策略,即现货市场、规范合同、基于关系的联盟、基于股权的联盟和纵向一体化,并且,用一些潜在变量和特征来描述不同的纵向协作策略(如图 2-1 所示)。①

---

① Peterson, H. Christopher, Allen Wysocki, and Stephen B. Harsh. Strategic Choice along the Vertical Coordination Continuum. *International Food and Agribusiness Management Review*, 2001 (4): 149-166.

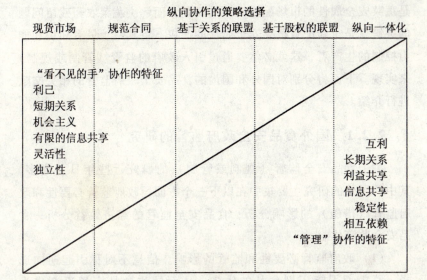

图 2-1 纵向协作连续体

2.2 政府监管与食品安全

一般在具体的蔬菜交易中,生产者拥有蔬菜质量安全属性的产权。但是,法律权利相对于经济权利而言,既非充分条件也非必要条件,人们的权利是他们自己直接努力加以保护、他人企图夺取和政府予以保护的函数(巴泽尔,1997)。从法律角度来界定蔬菜质量安全属性是比较容易的,然而,事实上它的每一个有价值的属性并非都能被完全的界定,这样必然会有一部分产权被置于"公共领域"(Public Domain)(巴泽尔,1997),从而为蔬菜生产者使用违禁农药(或违规使用农药)以攫取消费者租金的机会主义行为提供了可乘之机。

因此,在没有第三方保证的情况下,界定蔬菜农药残留的安全属性的产权实际上赋予了消费者,而消费者根本无法维护自己的产权。这违背了巴泽尔提出的"产权应该配置给最有知识和最有控制能力的一方"的原则。从产权经济学的角度看,蔬菜质量安全是蔬菜安全属性的市场配置失效的问题，而解决蔬菜农药残留问题的关键就是重新配置蔬菜安全属性的产权，将其赋予最有知识和能力控制的生产者，这就必然要通过引入政府的监管（管制或规制）来实现。下面将分别对国外和国内的食品安全政府监管的相关文献进行介绍。

2.2.1 国外食品安全政府监管的研究

关于食品安全监管（规制或管制）的研究近些年日益增多，其中，国外的研究主要集中在以下三个方面：政府监管必要性和政府监管（措施）的影响分析；食品安全监管的经济效益分析；食品安全监管体制。

（1）政府监管必要性和监管的影响。信息不对称引起逆向选择，消费者不能识别食品的优劣，从而导致食品市场逐渐成为"柠檬市场"，使得优质优价无法实现。高质量安全食品的生产者出于自身利益的保护，要与其他低质量不安全食品的生产者区分开来，降低其交易成本，就要求政府对食品安全进行监管。当然，政府无论是出于对消费者和生产者的考虑，还是出于对自身以及整个社会的考虑，都必须采取措施对食品安全进行监管。自20世纪70年代开始，发达国家便开始逐步实行各种食品质量安全的规制，采取以质量管理、风险分析等为主体特征的管理方法和标准，如TQC[①]、GAP、SSOP等。到20世纪90年代，许多国家重点实施以HACCP为主的控制标准与规范，以达到控制食品质量安全的目的。Ronnen（1991）和Boom（1995）认为，政府对食品最低质量标准的规制限制了在位厂商的质量选择空间，一方面由于最低质量标准使产品的质量上升了，另一方面价格竞争的激化又降低了产品的价

---

① TQC（Total Quality Control），即全面质量管理，它并不等同于质量管理，而是质量管理的更高境界。全面质量管理是将组织的所有管理职能纳入质量管理的范畴，强调一个组织以质量为中心、以全员参与为基础，强调全员的教育和培训。概括地讲，全面质量管理具有以下几个方面的特点：以适用性为标准、以人为本的管理以及突出改进的动态性管理。

格，因此，政府的规制提高了政府社会福利。Shapiro（1983）对经验品市场的考察说明，最低质量标准会将消费者愿意购买的某些质量的产品排除在市场之外。Starbird（2005）利用一个委托-代理模型，分析了检测政策、处罚和食品市场中与食品安全相关的道德风险之间的相互影响，并得出对抽样检测的程序的规制对于政府是一个有效的工具。

（2）食品安全监管的经济效益分析。为了更好地实施有关食品安全规制的政策，并使其发挥最大的效能，近年来发达国家开始对食品安全规制进行成本效益方面评估的研究。1995年美国农业部专门成立了规制评估和成本收益分析办公室。经济合作与发展组织（OECD）要求其所有的成员国都使用一些科学的方法对规制进行评估。

Antle（1995）在其著作《食品安全政策的选择和效率》中，提出了有效食品安全规制的原理，并总结出有效食品安全规制的四条原则：一是规制必须通过独立的成本收益检验；二是在规制的成本收益分析中，对与成本和收益相关的不确定性进行评估时，必须保持一致；三是单独的选择一般要比统一法定的风险标准更有效；四是绩效标准和基于激励的规制要比强制性的设计标准更有效。此外，Antle还对食品安全规制在猪肉、牛肉和家禽等不同产品上产生的影响进行评估，研究发现其测算的实施食品安全规制的成本甚至可能会超过美国农业部估计的收益，并对在企业水平进行食品安全规制的成本分析方法作了归纳：会计法（Accounting Approach）、经济-工程法（Economic Engineering Approach）和计量经济法（Econometric Approach）（杨万江，2006）。Michael等（1992）对企业执行食品加贴标签法规的成本进行了评估。Unnevehr（2000）在其编写的《HACCP经济学：成本与收益》一书中对HACCP的相关研究成果进行了整理和归纳。

（3）食品安全监管体制。目前世界各国在国家一级食品安全监管体制的安排上，主要可以分为3种类型：建立在多部门负责基础上的食品安全监管体制即多部门体制；建立在一元化的单一部门负责基础上的食品安全监管体制即单一部门体制；建立在国家综合方法基础上的食品安全监管体制即综合体制。DeWaal（2003）从消费者的角度分析指出，建立单一的食品安全管理部门会促进相关资源的优化配置，带来更为理性的食品安全监管体制。2005年2月美国国会的监察机构——审计总署（Government Accountability Office, GAO）做了一份关于食品安全监管体制改革的调查研究报告。他们调查了西方七个国家（包括加拿大、丹麦、德国、英国、荷兰、爱尔兰和新西兰）整合食品监管机构的经验。这七个国家都是高收入国家，消费者对食品安全的要求都很高，都只建立一个机构来领导食品安全管理和执行食品安全法规。这七个国家被访问的官员、产业界和消费者一致认为，机构整合的好处超过了缺点，其采取的一体化监管体制效果明显，提升了整体的效力和效率。这些优点包括：整合提高了安全管理的效率与效果，包括减少重复检查，各部门责任更清晰，法规的一致性、执行的时效性更强。而且，加拿大、丹麦、荷兰还认为整合减少了成本。荷兰称机构整合节约了25%的人力成本。GAO通过上述介绍和分析建议美国进行食品安全监管体制改革。政府一体化监管将各个环节之间和各部门之间的责任"交易"内部化，用监管部门内部的指挥协调成本取代部门之间的产权界定（责任界定）成本。这种模式既节约了交易成本，又提高了效率。

2.2.2 国外食品安全政府监管的研究

国内关于食品安全监管的研究主要集中在：分析我国食品安全监管的问题，比较国内外食品安全监管体制，以及据此提出相关建议对策。周德翼等（2002）指出政府可以通过认证、标识、市场准入和监测等信息显示方法来揭示质量安全信息，减少信息不对称和提供行为激励。周洁红等（2003）指出政府可以结合市场准入、检查监督和安全标识三项制度节约信息的揭示成本和管理成本，政府的管理工作重点应放在对行业协会的资信评估、产品质量认证、对其推荐的产品和披露的信息进行检测和管理、提供公共信息和交易等方面。随后，周洁红（2005）以生鲜蔬菜为研究对象，以浙江省为例，从管理体系、法律法规体系、标准体系、质量认证体系和检测检验体系等方面比较深入地探讨了生鲜蔬菜的政府管理问题。徐金海（2007）建立食品质量安全监管博弈模型，通过对博弈均衡的分析表明，政府监管的有效性取决于不断降低监督检查成本、降低以缺陷食品冒充安全食品坑害消费者而获得的额外预期收益，以及加大对违规的惩罚力度。周小梅（2010）从食品安全管制的供求角度进行了分析。

关于食品安全监管体制（或模式）问题，多是陈述现行食品安全监管体制的弊端以及介绍发达国家建立食品安全管理体系的经验，从理论上对我国食品安全监管体制进行系统分析的研究并不多见。李光德（2004）从新制度经济学的角度分析了我国的食品安全监管的制度变迁特征和局限性。岳中刚（2005）利用了一个两阶段的博弈模型分析多部门监管下的寻租行为，指出改变多部门分段监管的体制，实行单部门监管体制或由一个部门统一协调的综合性监管体制，将有助于防止监管者的寻租行为，从而保障食品质量安全。王耀忠（2006）运用新制度经济学的相关理论，从食品安全监管体制历史演进的角度，在对发达国家食品安全监管体制进行比较分析的基础上，通过对食品安全监管体制与外部环境之间互动关系的研究，揭示引起食品安全监管体制演进的根本原因，并得出以下结论：食品安全监管趋向于专业性、公正性和独立性；我国现有的食品安全监管体制需要改革，解决现有监管体系职能分散、职责不清和标准体系混乱等问题。

2.3 供应链治理结构与食品安全

近几十年来，农业生产的组织结构发生了巨大变化，农业（生产和销售）合同和纵向一体化逐渐成为主导形式。农业合同在美国农业生产总值中所占的比重一直在稳步上升，从1969年的11%上升到2003年的39%。到2003年为止，合同占畜牧业产值的比重增长至47%，合同占作物产值的比重增长至31%。在畜牧产品中，合同占家禽和禽蛋产值的近90%（纵向联合则占剩余的10%），合同占牛奶和猪产值的50%以上。在作物产品中，合同占甘蔗产值的 100%，占水稻、花生、烟草和棉花产值的 50% 以上，占玉米和大豆产值的 14%，占小麦产值的 8%。特别是近年来，为了满足消费者对食品质量安全日益增长的需求，应对政府严格的检测检验、法律法规和激烈的市场竞争，食品供应链的组织形式呈现出日益紧密化或一体化的趋势。其中，纵向协作作为供应链或产业组织中联结各参与主体的重要组织形式，由于能够控制食品质量安全、降低交易成本以及提高竞争力，所以受到社会的广泛关注并成为研究食品供应链的焦点问题之一。下面将分别介绍相关理论分析和应用研究。

2.3.1 相关理论研究

食品安全涉及从生产、加工到销售的整个食品供应链。因此，从整个食品供应链的角度来管理食品质量安全，能够提高管理效率，提高食品安全的管理水平。食品供应链管理理论的焦点问题是食品供应链中的治理结构（纵向协作）。

国外有很多文献都直接或间接地研究了农业领域的纵向协作。20 世纪 50 年代末 60 年代初及后来的部分文献在新古典经济学的框架下采取定性分析和局部均衡分析的方法，研究了纵向协作的很多关键问题，包括纵向协作的出现和发展（Davis，1957；Kilmer，1986）、纵向协作如何影响经营效率（Araji，1976；OECD，1978）和经营范围、纵向协作的驱动因素，如新技术及相应的人力资本和资金的需求（Butz，1958；Jones 和 Mighell，1961）、生产者面临的价格和生产风险（Collins，1959；Mighell 和 Jones，1963；Hayenga 和 Schrader，1980）、规模经济（Kolb，1959；Mighell 和 Jones，1963）、政治压力（Butz，1958；Mighell，1963；OECD，1978）。从 20 世纪 90 年代开始，随着纵向协作紧密化趋势的出现，纵向协作又重新引起了农业经济学家的兴趣。这些近期的研究主要是运用交易成本理论、契约理论、产权理论和委托代理理论，对农产品供应链中多种纵向协作模式，如市场机制、契约、合作或合并、战略联盟、准完全一体化和完全一体化等的影响因素进行了理论分析和实证检验，得出了很多颇有价值的结论。这里笔者仅介绍交易成本理论和农业经济学家 Hobbs 等人建立的一个纵向协作概念模型。

（1）交易成本经济学（Transaction Cost Economics，TCE）也称为交易费用经济学，它的分析单位是交易而不是商品。该理论认为，交易不可能发生在没有摩擦的"经济真空"（Economic Vacuum）中，在不完全信息的情况下，利用市场机制的成本即为交易成本，包括事前的信息或搜寻成本，如寻找和评价供应商或获取价格信息的成本，确定交易项目的事前谈判成本和确保这些项目得到遵守的事后监督和执行成本。交易成本理论的代表人物威廉姆森（Williamson，1979）指出了交易特征（包括交易的不确定性、交易发生的频率和资产专用性）与治理结构的关系。不确定性水平低的交易适合于市场机制，但随着不确定性的增加，市场机制会带来较高的信息和监督成本，为此产生了紧密的纵向协作，如长期契约、战略联盟或纵向一体化。资产专用性①的存在同样导致了纵向协作的紧密化。进一步讲，当专用性资产由交易一方投资时，容易出现纵向一体化，如果由双方共同投资，则纵向协作可能为长期契约或战略联盟。最后，当交易频率很高时，交易双方会看重长期的交易关系。当交易次数减少时，会增加机会主义行为的动机和信息不对称的程度，为节约交易费用，交易双方会建立更为正式的交易关系。然而，如果资产专用性水平很高，即使是经常性的交易，

---

① 资产专用性（Asset Specificity）是指"资产在没有价值损失的前提下能够被不同的使用者用于不同投资场合的能力"（Williamson，1989），亦即在不牺牲生产价值的条件下，资产可用于不同用途和可供不同使用者利用的程度。威廉姆森在进行交易成本理论的研究时，进一步指出：资产专用性有多种形式，包括人力资本专用性和物质资本的专用性。他把资产专用性分成五种类型：（1）场地专用性，它指为节约库存和运输成本而被排列的相互密切联系的一系列站点；（2）物质资源专用性，比如生产某零件所必需的专用模具；（3）以干中学方式获得的人力资本专用性；（4）专项资产，主要指根据客户的紧急要求特意进行的投资；（5）品牌资产专用性，包括组织或产品的品牌和企业的商誉等。

也更适合在纵向一体化的企业内部进行。可见，治理结构是由交易特征决定的。交易成本经济学表明，在信息不对称的情况下会出现节约交易成本的纵向协作形式。例如，消费者对食品的一些"无形"的质量特征（食品安全、生产过程中的动物安全和环境安全、转基因等）的关注，增加了供应链中的下游企业鉴定其供应商的产品是否具有这些特征的信息成本。这是因为，产品特征是由上游企业的生产或加工过程决定的，下游企业要想向消费者保证他们提供的产品是安全的或者能够满足消费者特定的需求，就必须加强对上游企业的监督。同时，生产者或其他上游企业可能应零售商或加工商的要求而增加专用性资产投资。这样，不管是上游的卖方还是下游的买方，他们的交易费用都增加了。为节约交易费用，交易的形式由市场转化为紧密的纵向协作，如契约、战略联盟甚至是完全一体化。许多农产品供应链中的企业之所以倾向于紧密的纵向协作的原因包括以下几个方面：一是消费者偏好的改变（Hobbs 和 Kerr，1992，1998；Kerr，1994；Hobbs，1996；Kinsey、Connor 和 Shiek，1997；Caswell，1998；Gordon，1998；Henderson，1998；Bureau，1999）；二是生物技术（Kalaitzandonakes 和 Maltsbarger，1998；Kindinger，1998；Phillips，1998；Hobbs 和 Plunkett，1999；Marks，1999；Hobbs 和 Young，2000）；三是信息管理（Ebbertt，1998，1999；Prentice，1998）；四是环境问题（Martin 和 Zering，1997）；五是信用和风险（Featherstone 和 Sherrick，1992）。

（2）Hobbs 和 Young（2000）以交易成本理论为基础，综合能力理论、战略管理理论的观点，提出了一个解释农产品供应链中的纵向协作紧密化的概念模型（如图 2-2 所示）。

能力理论（Competency／Capabilities Approach）使用"核心能力"（Core Competencies）或"企业内部能力"（Internal Capabilities）的概念提供了企业或产业演化的另一种解释。从能力的角度看，企业的存在、结构和边界是由组织培养和维护的个人或团队的核心能力——技术和知识决定的（Hodgson，1998）。企业的核心能力是指在一个或多个商业领域，作为企业竞争优势基础的一系列差异化的技术技能、资产、组织程序和才能（Teece，1994）。该理论认为，

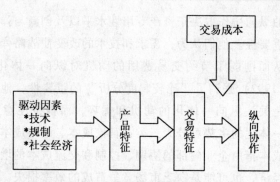

图 2-2 影响纵向协作的因素：概念模型

资料来源：Hobbs, J. E. and L. M. Young. Closer Vertical Co-ordination in Agrifood Supply Chains: A Conceptual Framework and Some Preliminary Evidence. *Supply Chain Management*, 2000, 5 (3): 131-142.

不同的企业拥有不同的"技能系列"（Skill Sets），正像个人在不同工作上的智能有所区别一样，为此，不论是个人还是组织都必须限制在那些他们知道如何做好的领域内。与科斯对企业存在和边界的解释不同，能力理论认为市场交易阻碍了知识在交易主体之间的传播，而企业的经久性和长期性则有利于组织化的学习和知识在生产环节间的传播。企业的知识经济是它的竞争优势所在，因此，企业的出现是因为它能比市场更加有效地协调集体学习的过程。同样，企业的核心能力（知识）也决定了企业的边界，这在企业技术创新过程中尤为明显。很少有企业将整条供应链完全一体化，这一事实可以解释为：如果企业偏离了它们的核心能力，则很难有效地监督员工，这就会使企业面临信息不对称带来的逆向选择和道德风险问题，结果是代理成本的增加和管理的无效率。如果我们同时考虑交易特征和企业内部能力，长期合作或战略联盟或许才是真正节约交易费用的纵向协作形式（Langlois 和 Foss, 1997）。

战略管理理论（Strategic Management Theory）在企业如何获得或提高竞争优势的战略框架内研究纵向协作问题。作为组织经济学的补充，该理论从企业选择纵向协作的内部动机方面提出了很多有用的观点，并指出了纵向一体化的缺陷。Boone 和 Verbeke（1991）

指出最优的纵向协作取决于资产专用性水平以及创新与弹性在竞争战略中的重要性。他们认为,需求和技术的改变使战略弹性变得非常重要,从而削弱了节约交易费用的动机对纵向一体化的影响。Mahoney(1992)强调了"比较制度分析"的重要性,他认为,很多研究只是关注纵向一体化的动机和优势,而很少注意到它的劣势。纵向一体化的劣势可分为三类:官僚成本、战略成本和生产成本。官僚成本指由企业内部的协调、控制和交流成本的增加而导致的管理不经济,也可能是缺乏市场竞争造成的效率损失。战略成本包括战略弹性的下降和退出障碍的提高等。生产成本则是指投入品使用的规模不经济。还有些学者试图将战略管理和组织经济学综合在一起,以便我们更好地理解介于市场交易和完全一体化之间的各种中间状态。Zajac 和 Olsen(1993)指出纵向关系紧密化的动机不仅仅是交易费用的最小化,还包括双方企业创造或最大化自身价值的愿望。

该模型由四个部分组成:驱动因素、产品特征、交易特征和纵向协作。基于 Williamson(1979)的分析,他们假设纵向协作或治理结构的选择,受特定交易特征的影响,这种影响是通过交易费用发生作用的,并且其影响程度取决于企业的核心能力。交易特征是由管制、技术和社会经济等因素"驱动"下的产品特征决定的。这些驱动因素构成了交易的制度环境,有时候也会直接影响交易特征。

(3) Peterson、Wysocki 和 Harsh(2003)以 Williamson、Mahoney、Milgrom 和 Roberts 等人的研究为基础,考虑协作策略选择过程中资产专用性、互补性和协作策略的可行性等,建立了一个以他们三人名字命名的 PWH 模型理论框架(如图 2-3 所示)。① 这是一个包含 4 个步骤的动态决策模型,用以分析选择纵向协作中的何种协作策略形式。只有当 4 个决策点上的相关策略问

---

① Wysocki, Allen F.. Quantifying Strategic Choice along the Vertical Coordination Continuum: Implications for Agri-Food Chain Performance. Proceedings of the Frontis Workshop on Quantifying the Agri-food Supply Chain, Wageningen, The Netherlands, 22-24 October 2004, Published January, 2006.

题同时都选择"是"的时候,协作策略的改变才会发生,即从一种协作策略变革为另一种协作策略。如果4个决策点上的任何一个相关策略问题选择"否"的时候,改变协作策略的过程将终止。就交易环境而言,资源可用性、策略潜在的变化,以及产生更低成本的协作形式的变化,这些都在发生改变。而就产业演进而言,产业中的各个企业可以根据资产专用性、互补性、可行性和风险回报权衡的变化,沿着纵向协作连续体的任意方向进行改变,从而获得最优协作策略形式。

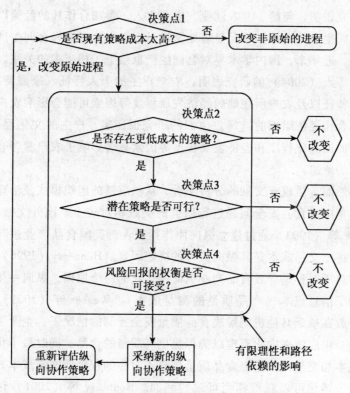

图 2-3 纵向协作策略选择的 PWH 模型

2.3.2 相关应用研究

关于应用或实证方面的研究,对农户选择纵向协作方式的行为及其影响因素，国外也进行了比较多的研究。Kliebenstein 等（1995）从收益和风险的角度分析了美国生猪生产阶段所使用的合同方式，指出农户签订合同的主要目的是减少风险、获得资金和增加收入。Poole 等（1998）在对西班牙水果种植农场选择营销渠道行为的研究中指出，农户面临的价格和付款的不确定性是影响农户选择营销渠道的主要因素。Boger（2001）对波兰生猪养殖行业的研究表明，随着经济的发展，交易组织形式由市场交易逐渐向合同生产方式转变，而质量是决定生产者是否采用合同生产的关键因素。Duval 等（1998）对美国小麦生产者对合同生产的态度和行为的研究表明，年龄、非农就业、农业收入、参加合作社的经验以及对合同生产等的认知状况显著地影响了小麦生产者选择合同生产的行为。近年来，国内学术界对合同生产也给予了相当多的关注。郭红东等人（2004）的研究表明，农户户主的个人特征、家庭特征、生产特征以及农户所在地的经济发展程度等因素可能会影响农户对专业合作经济组织的选择。他们的研究也证实，户主的文化程度、生产的商品化程度和经济发展程度等因素显著影响了农户参与合同生产的意愿。

然而，就现有文献的分析来看，从供应链的组织模式及治理机制的角度对食品安全问题进行研究的文献相对较少。国外文献中，Frank 等（1992）通过建立纵向协作指数，对美国食品产业进行检验，得出交易成本是其纵向协作的决定因素。Hennessy（1996）认为信息不对称是导致食品产业纵向一体化的一个原因，纵向一体化节约了信息成本（产品质量的测量成本）。Weaver 等（2001）认为一般在缺乏其他机制解决食品质量安全控制的情况下，企业更愿意整合供应链来内化管理以确保提供高质量的食品，同时最小化生产成本和交易成本；当食品质量信息不对称的程度或交易成本较高时，一体化可以获得相当可观的利润。Hennessy 等（2001）讨论了在安全食品的供给中食品产业领导力量的作用与机制。Vetter 等（2002）的研究指出，纵向一体化可以作为一个解决消费者事前和事后都无法识别产品质量特征的信用品市场上存在的道德风险问题的有效途径，而政府多部门的监管则不利于供应链的一体化。

Raynaud 等（2002）运用新制度经济学的分析框架，讨论了农产品供应链的治理结构与质量信号之间的关系。Menard 等（2004）则指出了近数十年来欧美农产品供应链在人们对食品安全日益关注的背景下有向紧密协作和一体化程度加强的趋势。针对蔬菜，Buurma 等（2006）运用案例分析的方法，介绍分析了荷兰与泰国合作以提高蔬菜质量安全水平和降低交易成本为主要目的而进行的供应链发展项目，分别研究了以零售商 TOPS 公司为核心而建立的蔬菜供应链和以出口商 Fresh 为核心建立的蔬菜供应链及其蔬菜供应链中的经验和教训，并对此进行比较分析，研究显示供应链的整合与一体化在蔬菜质量安全控制方面有着积极的作用。

国内文献中，桑乃泉（2001）谈到了食品产业的纵向联合与供应链管理，但是他没有从食品安全的角度讨论；夏英等（2001）从质量标准体系和供应链综合管理的角度讨论了食品安全保障问题；周应恒等（2002）研究了在食品供应链中的信息可追踪系统及其对食品质量安全保障的作用；卫龙宝等（2004）在对农业专业合作组织这种新型的农业生产组织形式进行分析的基础上，集中研究了这种合作组织对农产品质量控制的具体措施，进而得出我国现存农业专业合作组织对农产品质量控制具有重要作用；谭涛等（2004）对农产品供应链的组织模式进行了研究，但未涉及其对食品安全的作用问题；张云华等（2004）应用交易成本经济学等理论从交易成本、风险和不确定性以及消费者需求与企业质量声誉角度分析了安全食品供给中纵向契约协作的必要性，并认为食品质量安全涉及从农产品生产、加工到销售整个过程各个阶段的质量控制，为保证食品质量安全，就必须实行食品供给链的纵向契约协作或所有权一体化；邓淑芬等（2005）用信号博弈模型研究了食品供应链的安全问题；胡定寰等（2006）认为通过"超市+龙头企业（合作组织）+农户"模式对整个农产品供应链上进行食品安全管理，可以有效地提高食品安全的管理水平。杨为民（2007）对农产品供应链一体化模式进行了探讨，并认为农产品供应链的结构一体化是降低交易成本，确保农产品质量安全的客观要求；周德翼等（2008）探讨了食品安全政府部门的一体化监管与供应链一体化的关系;汪普庆等(2009)探讨了供应链的组织模式与农产品质量安全的关系;周洁红(2011)从供货商和相关管理部门的二维角度研究了蔬菜质量安全可追溯体系的建设;刘畅、张浩和安玉发(2011)基于中国2001—2010年发生的1460件食品安全事件,从供应链的角度实证分析了食品质量安全控制的薄弱环节与本质原因。

2.4 文献评述

经过世界各国几十年的实践和学术研究积累,无论是在理论上、视角上还是在研究方法上,食品安全经济学研究领域的方方面面都取得了很大的进展。归纳起来,运用的理论主要有:信息不对称理论、市场理论(市场失灵及市场失灵的矫正理论)、交易成本理论、产权理论、规制理论和博弈论等;运用的方法和技术主要有:数理经济的方法(委托-代理模型、博弈模型、声誉模型等)、计量经济学方法、会计方法(成本收益分析)和统计学的方法(Logit 概率模型)以及案例分析的方法等。

综观目前已掌握的学术研究,从研究内容和研究视角来看,以往的学者对消费者、生产者和政府监管者等的研究都是相对独立的,注重微观个体行为的研究,而对供应链中各参与主体(包括生产者、批发商和企业等)、消费者和政府监管者之间的相互关系和互动机制的研究却很少,从演化的视角探讨其动态过程的研究则更少见。此外,大多数的研究是基于食品(或农产品)整体而言的,只有较少数的学者针对某一类农产品进行了详细的探讨。

从研究方法来看,运用计算机仿真来研究食品安全问题的极少,甚至在整个社会科学领域,运用仿真的研究也并不多见。传统的计量经济学是以均衡为前提,在均衡的经济系统中,供给等于需求。当系统受到扰动的时候,外生的因素使其偏离均衡,而系统将以线性方式回归均衡。然而,现实世界并非如此。系统总是在不断进化之中,而且是非均衡动态演化过程。另外,计量经济学的不足体现在对记忆和反馈的处理上。它忽略了经济系统和经济主体存在经验、记忆能力和学习能力（有限理性），也没考虑路径依赖（Path-Dependence）的思想。实际上，经济个体有自己历史的记忆，对未来的期望受到经验反馈的影响。真实的反馈包括长期的相关性和趋势，对于很久以前的事件的记忆也会影响当前的决策。这些问题的存在就使得数学在求解社会经济系统或问题时显得很困难和不足，而采用计算机仿真技术则是一个新的尝试。这种方法更逼近现实情况以及相关主体的行为，突出经济系统或模型中各主体之间的互动。仿真方法使我们可以从新的角度去理解社会和经济的进程和问题，其核心思想在于：由相对简单的个体活动可以突现或涌现出宏观层面的复杂行为。

3 我国蔬菜质量安全的现状与问题分析

蔬菜是人体所需维生素、矿物质及膳食纤维的主要来源,是满足人们营养均衡、饮食健康的基础,是人们日常生活中的必需品。蔬菜的质量安全问题主要与农药残留有关,当然,其他如重金属、工业废物污染以及不清洁的水中含有的病原体等对蔬菜质量安全也构成严重威胁。本书针对的是现阶段我国蔬菜质量安全的主要问题——农药残留超标。

3.1 我国蔬菜质量安全的现状

当前,我国蔬菜质量安全的总体形势不容乐观。最近几年,我国蔬菜农药残留超标现象依然普遍存在,食用蔬菜中毒事件时有发生,因蔬菜质量安全问题引发的国际贸易争端事件日益增多(见专栏)。蔬菜质量安全已经严重影响到民众的身体健康和生命安全,影响到经济健康发展和社会稳定和谐,以及政府和国家的形象,同时,也造成了各类社会资源的极大浪费。

【专栏】

近年来发生的蔬菜质量安全事件

下面是近年来我国发生的主要蔬菜质量安全事件的简单介绍。
一、2003年"张北毒菜"事件
2003年8月24日,央视新闻频道《每周质量报告》报道:河北省张家口市张北县无公害蔬菜生产基地,有农户向蔬菜上喷洒甲胺磷等剧毒农药。在张北县，剧毒农药几乎成了一些菜农灭虫的首选。

二、2004年"毒黄花菜"事件

2004年3月13日，沈阳市卫生监督所查处了满满7卡车二氧化硫残留物超标近200倍的毒黄花菜，共计24.5吨。这些毒黄花菜来自湖南祁东和河南省平舆县等地。湖南祁东县菜农为了能使黄花菜漂白、防腐和颜色娇艳，超量使用焦亚硫酸钠，造成了这一事件。这一现象全国普遍存在。

资料来源：http://health.sohu.com/20040716/n221035148.shtml

三、2005年"毒大蒜"事件

2005年6月，中国质量万里行记者在素有"大蒜之乡"之称的河北省永年县暗访时发现，部分菜农在浇灌大蒜时，使用国家明令禁止使用的剧毒农药3911（甲拌磷）、1605（对硫磷）。这些有毒蒜薹和蒜头销往全国各地，对北京、天津、上海等大都市的食品安全构成威胁。

四、2006年"毒潺菜"事件

2006年5月18日，广东郁南县都城镇16名居民因食用含有残留有机磷农药的潺菜中毒。他们食用潺菜半小时后感觉不适，出现头昏、无力、多汗、呕吐等症状，经该县疾控中心检验，确认中毒原因为食用含有残留有机磷农药的潺菜。

资料来源：http://news.163.com/06/0520/11/2HIIDKJP00011229.html

五、2007年"毒空心菜"事件

2007年5月19日至20日，福建省厦门市翔安区马巷赵厝村部分农民由于不慎食用"农残空心菜"，而导致数十位农民发生不同程度的食物中毒。

资料来源：http://news.sohu.com/20070522/n250157073.shtml

六、2009年主要蔬菜质量安全事件

2009年3月18日，广东省佛山市高明区处置一起蔬菜农药残留量超标事件，追回140多斤有毒蔬菜，并销毁源头蔬菜1000多斤，两名涉案菜农被带走调查。经追查发现有两个菜农种植的蔬菜样品，存在农药残留量严重超标，约1500斤，包括白菜、芥菜、小塘菜三个品种。

资料来源：http://news.c-c.com/view/ShowNewContent-512572.htm

七、2010年"毒豇豆"事件

2010年1月25日至2月5日，武汉市农业局在抽检中发现来自海南省英洲镇和崖城镇的5个豇豆样品水胺硫磷农药残留超标，消息一出，全国震惊。随后，又在广州、合肥等多个地市发现海南豇豆残留高毒禁用农药。

http://news.163.com/10/0225/01/60B3UCE00001124J.html

八、2011年主要蔬菜质量安全事件

2011年4月24日，沈阳市相关部门累计打掉有害豆芽黑加工点23个，抓获犯罪嫌疑人30余名，缴获有害豆芽超过55吨。截至7月份，青岛再现"毒韭菜"，6人因农药残留中毒；河南南阳出现"毒韭菜"，农药残留超标致10人中毒；来自泰州的1000多公斤韭菜检测结果：农药残留超标高达30%。此外，近来还发现福尔马林防腐白菜和毒生姜等毒蔬菜。

资料来源：http://gongyi.ifeng.com/gundong/detail_2011_04/25/5962120_0.shtml

3.1.1 蔬菜农药残留超标现象普遍存在

经过各级政府数十年在蔬菜质量安全控制方面的努力，我国蔬菜的质量总体水平稳步提高，蔬菜安全状况不断改善，蔬菜生产经营秩序显著好转，但是，在整体上尚未解决诸如农药残留超标、重金属、硝酸盐和有害病原微生物等制约我国蔬菜质量安全的问题。其中，现阶段特别是农药残留超标现象依然普遍存在。根据农业部2003—2010年对主要大中城市蔬菜中甲胺磷、乐果等农药残留的监测结果①，我国蔬菜质量安全总体合格率持续上

---

① 2003—2008年的数据是通过检测37个省会城市和直辖市等大中城市而获得的。2009年农业部进一步加强农产品质量安全例行监测工作，监测产品种类从4类增加到10类，监测参数从30项增加到68项，监测范围从直辖市、计划单列市和省会城市扩大到全国一百多个主要大中城市。

升(见图3-1)。

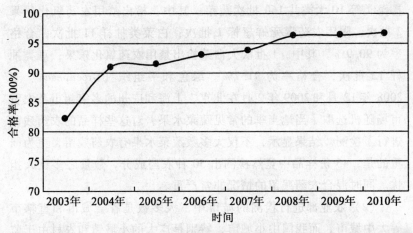

图3-1 2003—2010年大中城市蔬菜农药残留监测合格率

其中,2011年6月,农业部对覆盖全国31个省(区、市)的144个大中城市蔬菜中农药残留等污染状况进行了该年度第二季度例行监测工作。监测结果显示,按往年同期同口径统计,此次监测蔬菜合格率分别为97.9%,比去年同期分别提高1.0个百分点,我国蔬菜质量安全总体继续向好。最近几年的例行监测结果显示,蔬菜农药残留超标次数明显减少,农药残留的检出值不断下降,蔬菜质量安全水平稳中有升。然而,在取得一定成效的同时,也反映出了以下几个方面的问题:

(1)蔬菜农药残留量超标的现象依然普遍存在,而且,在某些地方某些品种的情况还比较严重。2005年9月29日,重庆市农业局公布了该年度第三季度主要农产品质量安全监测结果:市场蔬菜农药残留超标率高达19.1%,近两成蔬菜农药残留超标。2006年10月13日,广东省农业厅公布了对全省八个地市农产品质量安全大抽检的结果。抽查情况显示,抽检蔬菜样品2800多个,平均农药残留超标率近一成(9.34%),叶菜类和豆类超标率稍高。2007年3月,杭州市质监局组织人员对批发市场、超市、农贸市场经销的蔬菜进行了一次监督检查,其检测结果如下:本次共抽检了叶菜类、甘蓝类、根茎类、葱蒜类、茄果类、白菜类、豆类、花椰菜类等10大类共160批次蔬菜。其中，检出禁用农药氧化乐果2批次，限用农药毒死蜱超标1批次；白菜类抽样11批次，合格率为90.9%，其中，1批次大白菜检出禁用农药氧化乐果；豆类抽样12批次，合格率为91.7%。绿色和平组织（Greenpeace）于2008年12月和2009年2月在北京、上海和广州的多家超市及农贸市场随机选取了当地当季的常见蔬菜水果，对这些样品的农药残留进行了检测。结果显示，不仅大多数蔬菜水果有农药残留，更为严重的是，45份样品中竟然检测出50种农药成分，数量之多让人担忧。同时混合农药残留的情况非常严重。

（2）农业部进行检测的城市中，大多数是省会城市和直辖市等大中城市，而我国中小城市，特别是广大的小城镇和农村由于监管相对薄弱，农药残留超标问题会更加严重。

（3）虽然农药残留超标率较低，但由于我国的蔬菜产量和消费量都很大，加之蔬菜为日常必需品，不安全的蔬菜的绝对数量仍然很大，造成的危害仍然十分严重。

（4）蔬菜农药残留超标率在大幅度下降后，目前处于徘徊阶段，个别地区还存在反弹情况。

3.1.2 蔬菜中毒事件时有发生

近年来，尽管蔬菜农药中毒事件显著减少，但中毒事件还是时有发生，而且，因农药残留超标引起的食物中毒报告例数、中毒人数和死亡人数一直居高不下（见表3-1）。2001年6月13日发生在广东省中山市的78人食物中毒事件就是由含有大量有机磷农药残留的空心菜引起的；2001年8月15日，广东省增城市新塘镇恒基手袋厂近140名工人发生食物中毒，原因是吃了有毒的小白菜；2002年1月16日，广西省贵港市发生特大中毒事件，128名学生被农药毒倒；2003年在广东江门地区，由于蔬菜甲胺磷农药残留超标，造成10余人急性中毒；2004年，湖南省在31起化学性食物中毒事件中，因食用残留农药蔬菜中毒有11起，中毒人数509人，占食物中毒人数的27.67%；2007年9月，重庆一对夫妇食用白菜后出现中毒现象,据当地120统计,一周内已有7人被确诊为食用含农药蔬菜中毒;2008年卫生部公布的该年度第四季度食物中毒情况的通报中显示,仅三个月全国因农药等化学性物质中毒的人数达到380人,死亡15人,但据有关专家估计,目前公布的数字尚不到实际发生数的10%(徐晓新,2002)。不安全的蔬菜,除了会造成急性中毒或死亡外,更为严重和可怕的是,农药为慢性中毒,具有致癌、致畸、致突变的"三致"作用,甚至还会遗传危害后代,成为人类健康的隐形杀手。①

表3-1 1997—2005年我国由农药残留超标引起的食物中毒情况②

年份	中毒事件	比例(%)	中毒人数	比例(%)	死亡人数	比例(%)
1997	165(491)	33.61	3086(13565)	22.75	28(132)	21.21
1999	221(654)	33.79	5016(17940)	27.96	48(108)	44.44
2000	200(696)	28.74	3189(18265)	17.46	36(157)	22.93
2001	172(611)	28.15	3541(19782)	17.90	62(135)	45.93
2002	129(464)	27.80	2332(11573)	20.15	36(68)	52.94
2003	294(1481)	19.85	3605(29671)	12.15	100(262)	38.17
2004	498(2305)	21.61	5545(42876)	12.93	148(255)	58.04
2005	394(2453)	16.06	3749(32543)	11.52	97(389)	25.46

3.1.3 蔬菜出口屡次受阻

蔬菜是我国的净出口农产品,也是主要的出口农产品之一。目前已经同全球150多个国家和地区建立了蔬菜出口贸易关系。蔬菜

---

① 根据已有的研究证明,近七成的恶性癌症与食用蔬菜中的农药残留有关,而且,农药还会对人体内的酶和生殖系统,尤其是男性生殖系统构成严重的影响。

② 表中的数据根据中国卫生部统计信息整理(http://www.moh.gov.cn)而成,括号内的数字为当年相应栏目的总数字。

出口量从 2000 年的 320 万吨增加到 2010 年的 844.6 万吨，增幅超过 150%；出口额 2010 年达到 99.9 亿美元，比 2000 年提高了三倍多。加入 WTO，在给我国蔬菜产业的发展带来前所未有的大好机遇的同时，也对我国现行的蔬菜质量安全提出了挑战。许多进口国为了保护自己的蔬菜竞争力，纷纷采取技术性贸易壁垒（Technical Barriers to Trade，TBT）来限制我国蔬菜的出口。这些措施表现为严格的质量、技术标准和繁琐的质量检验、检疫程序，以及繁杂的包装要求。如日本从 2003 年 1 月份开始，对我国出口的蔬菜的检测指标由过去的 6 项增加到 40 多项，而且批批检查；特别是 2006 年 5 月 29 日正式实施有"世界上最苛刻的农残比"之称的日本肯定列表制度（Positive List System）之后①，我国出口到日本的蔬菜中因农药残留超标而被扣的比重明显呈走高趋势，2006 年比 2005 年增加了 12.16 个百分点；而 2007 年又比 2006 年上升了 10.91 个百分点，占被扣食品的 27.33%，为 120 批。据统计，在"肯定列表制度"实施后的一个月，福建省对日本出口农产品 5 249 万美元，比上年同期大幅下降 41.98%，自日本退运的出口农产品达到 64.2 万美元，退运农产品主要集中在蔬菜、烤鳗和罐头类产品上。另外，据我国外贸部门统计，近年来，我国农产品因农药残留超标而引发的拒收、退货和索赔现象时有发生，使我国贸易损失惨重，每年损失高达数十亿美元。

3.2 监管体制的现状及问题分析

目前，我国对蔬菜质量安全的监管是按照食品安全监管体制进行的，蔬菜质量安全监管体制是食品安全监管体制在蔬菜中的具体

---

① 肯定列表制度对 700 余种农药、兽药及饲料添加剂的成分设定了允许残留限量标准，又称"暂定标准"；其中"暂定标准"中与农业化学品有关的标准就有 51 392 个，涉及药品达 534 种；对尚不能确定具体"暂定标准"的农药、兽药及饲料添加剂成分，设定 0.01ppm 的"统一标准"，一旦输日蔬菜食品中药残含量超过设定标准将被禁止进口。

体现，是以食品安全监管体制为基础和依据的，因而，本书对蔬菜质量安全监管体制的分析，是通过对食品安全监管体制结合蔬菜的特点而进行的具体分析。

3.2.1 食品安全监管体制现状

目前，我国的食品安全监管体制是在原有各部门职能（计划经济体制下形成的）的基础上进行延伸，实行的是"分段监管为主，品种监管为辅"的分段式监管体制：农业部门负责初级农产品生产环节的监管；质检部门负责食品生产加工环节的监管；工商部门负责食品流通环节的监管；食品药品监管部门负责餐饮业和食堂等消费环节的监管；卫生部门负责对食品安全的综合监督、组织协调和依法组织查处重大事故。① 2008 年调整之后，我国具体的食品安全监管体制的现状如图 3-2 所示。

虽然这种制度安排存在着体制上的稳定性和新旧职能间的关联性，原来的各个部门对自己所管辖的领域相对熟悉（拥有相对较多的行业知识），并已经履行某些功能，在此基础上扩展新的职能，不涉及机构重组，利用原有体制的指挥协调系统履行新职责的边际成本可能较低，但是这种体制也存在一些明显的缺陷，并且已越来越不适应现代食品行业和经济社会的发展。其存在的主要问题为：各监管部门之间具体权责不清，存在多头交叉管理现象；监管体系分割严重，职能过于分散；监管信息或信号资源高度分散；各

---

① 上述政府部门职能分工是 2008 年国务院机构改革方案实施后的情况，调整后，卫生部履行食品安全综合监管职责；农业部、国家质量监督检验检疫总局和国家工商行政管理总局，按照职责分工，对农产品生产环节、食品生产加工环节和食品流通环节的监管；卫生部下属的国家食品药品监督管理局负责食品卫生许可，监管餐饮业、食堂等消费环节食品安全。此外，2009 年 2 月 28 日，我国的《食品安全法》正式通过，并提出国务院将设立食品安全委员会。2010 年 2 月 6 日国家食品安全委员会正式成立。作为高层次的议事协调机构，协调、指导食品安全监管工作，目的在于在一定程度上消解"多头分段管理"的弊端，但事实上只是选择在既有框架内"微调"，而并未就多头分段管理体制做出实质改变，因而并没有从根本上改变我国现行的食品安全监管体制。

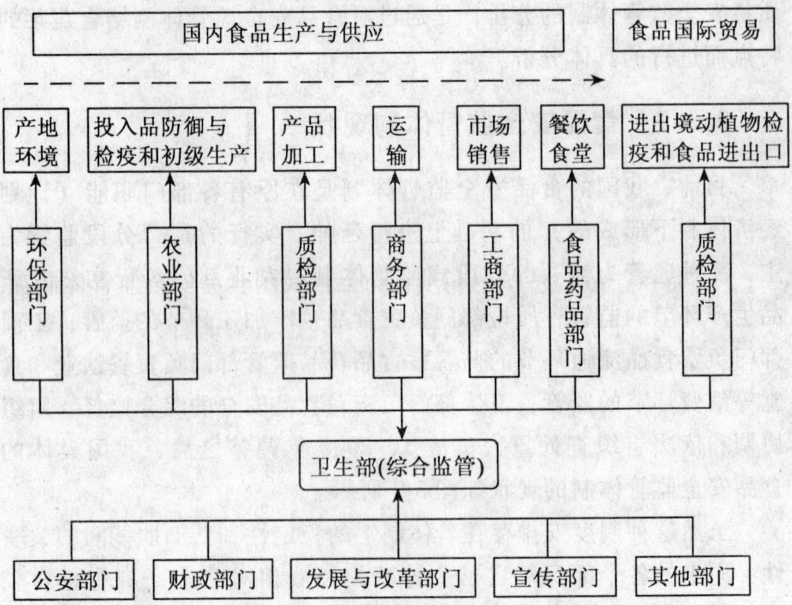

图 3-2 我国食品安全监管体制

监管部门各自为政,协调困难。具体而言,主要表现在以下几个方面:

(1) 不便于消费者维护自身的健康权益。由于实行"分段监管",消费者遇到食品安全问题,可能不知道找哪个部门投诉为好;监管部门会因"分段监管"的职责,互相推诿,即使指定某个部门统一受理消费者投诉,受理部门也会遇到不知道哪个部门处理合适的问题。

(2) 增加了食品生产经营者或企业的负担。主要是多个部门监管,重复监督检查,监管部门之间的要求不一,依据不同,难以建立从农田到餐桌完整的食品溯源和召回系统。

(3) 增加了政府在食品安全监管方面的成本。主要是协调任务重,难度增大;部门之间争资源,政府财政投入分散;重复计划、重复检查、重复抽检;公布食品安全信息不一致;关注部门"政绩"或"形象",在日常食品安全监管中避重就轻,怕出问题,规避责任。

(4) 分段式监管体制严重破坏了食品供应链的内部联系机制，不利于食品供应链的结构优化和纵向一体化。①

(5) 不能及时有效地应对或解决国际食品贸易中的食品安全问题，难以较好地保护我国食品生产经营企业的合法权益。

3.2.2 监管体制的产权经济学分析

下面将从产权经济学的角度探讨目前我国食品安全监管体制存在弊端的深层原因，不过在分析之前有几点需要说明：

其一，食品安全的信用品属性。食品安全具有经验品和信用品的双重特征，本质上都会引起信息不对称，只是信息不对称的程度不同而已。因此，我们认为食品安全问题主要是信用品问题，即消费者购买后也无法识别食品的质量安全。

其二，政府的"经济人"假设。在一定的约束条件下，各监管部门及其人员都力争使其利益最大化，尽管他们是多目标的。一方面，政府监管部门希望获得监管的资源和权力；另一方面，不想承担相应的责任，而保障安全是有成本的（花费资金、人力和物力，并可能与生产经营者相冲突②），在当前执法困难的前提下，一个"理性"的政府管理者往往存在着一个最优的执法努力（力度）。

我国实行的分段式食品安全监管体制，其运作是典型的团队生产方式（Team Production）。在这种方式下存在着两个方面的问题：首先，各部门的监管权难以界定清晰，存在权力交叉，从而导致模糊产权和出现监管的真空地带；其次，食品安全的整体监管效果取决于各部门的协力合作（即团队生产的不可分割性），而要独立精确地衡量各监管部门的监管业绩十分困难，即度量成本很高。现实

---

① 有关食品安全监管体制对蔬菜供应链的影响的详细分析可以参见附录1。

② 作者曾经到武汉市双柳蔬菜生产基地调查，采访过一位从事蔬菜监管工作的政府人员，据了解他的门牙就是在执法过程中被打掉的。

社会中，存在着正的交易成本，所以产权的清晰界定（包括产权的初始界定）就变得十分重要，不同的产权结构和安排会导致不同的收益—报酬结构，会产生不同的激励和行为，会影响资源的有效配置。产权界定不清导致食品安全监管的各方相互博弈以攫取租金，事前竞争预算和监管权力，事后推卸责任；重复检测则造成资源的浪费和企业负担，同时，彼此期盼对方部门的监控又造成管理上的空当。

由于食品安全具有信用品属性，其本身信息的显示成本很高，极易产生信息不对称。而政府的监管正是要克服这种信用品的信息不对称问题。但是，食品安全的信用品特征，又导致政府监管质量更强的信用品特征，其衡量的成本极高。即使政府不监管，社会大众也很难发现，因而，政府可能有偷懒的动机和激励，从而导致新的信息不对称与部门间责任界定的高难度。例如，当蔬菜通过了农业部门的监管之后进入市场，监管的责任要在不同的监管主体之间进行分割，此时，需要很高的成本（完全检测）才能够识别农业部门的监管系统是否真正履行责任，这样，各个部门之间以及政府与社会之间就会出现机会主义行为。政府监管的信用品特性很好地掩盖了现有监管体制的低效率。现有的体制是垄断性的，政府体制本身没有来自市场的竞争压力，分段式监管体制的低效率可能被隐藏在信用品的信息不对称"黑洞"之中。

此外，分段式多部门监管体制的这种团队生产性质尤其不利于食品质量安全的信誉机制的形成。因为"政府监管的信誉"成了公共品，各监管部门都想无偿地使用它，却都没有它的积极性维护。各个部门都有积极性发布一些正面的信息，而没有积极性发布负面的信息（甚至是有积极性隐藏负面的信息），负面的信息往往会导致相关方面的利益损失和社会阻力，更重要的是，负面的信息往往被认为本部门监管的失职。因此，我国建立了大量的食品安全检测中心，进行了无数次的抽测，但是，消费者和相关的经营者，不能获得相关的信息，政府的监管与市场机制相互脱节。

根据产权经济学中团队生产的理论，要克服团队生产方式中的机会主义和"搭便车"（Free-Rider）行为，需要引入监督人。由谁来当"监督者",又如何保证监督者不偷懒,这是一个激励设计问题,也是一个产权制度的安排问题,有效的解决办法是将剩余索取权赋予监督者。但从我国目前的情况来看,并没有一个具体的机构对食品安全状况负有明确和完整的责任。这就产生了一个新的问题:谁来监管政府监管者?在缺乏市场压力,社会监督和媒体(舆论)监督不完善,以及团队生产方式下的监督者缺位等情况下,我国食品安全监管体制的效率必然低下,而食品安全的状况也就可想而知。根据著名的新制度经济学家巴泽尔教授的产权理论:当交易中产权界定的交易成本很高时,通过一体化可以节约交易成本,并且,产权应该给予最有能力控制该属性变化的一方,这样可以减少测量(度量)成本(Measurement Cost)。这一思想对我国食品安全监管体制改革具有重要的指导意义。

3.3 蔬菜质量安全问题的成因分析

国内外相关学者对食品安全问题产生的原因从不同的角度进行了比较普遍而深入的分析,并从食物生产到消费的整个食物链或产业链的角度、从检验检疫学的角度、从技术进步的角度、从市场和政府失灵的角度、从国际贸易的角度等针对这一问题进行了研究。根据他们的研究成果,对于造成我国蔬菜质量安全问题的原因一般可以归纳为以下各个方面:第一,种植环境的污染,包括大气、农业用水和土壤的污染;第二,农药不合理使用,包括禁用农药的使用,不合理地使用农药,农药结构的不合理。①;第三,肥料的不合理使用,包括化肥和有机肥的问题;第四,蔬菜生产方式落后;

---

① 目前,我国的农药品种结构单一,使用效率低下,剧毒和高毒农药品种居多,农药中杀虫剂占70%,杀虫剂中有机磷类品种占70%,有机磷类中少数几个高毒品种占70%,生物农药占农药总量的比例较低(约占5%)。此外,据统计我国生产和使用的农药有几千种,每年用量达50万~60万吨,每年使用农药的面积在2.8亿hm^2以上,这是一个令人触目惊心的数字。近年来农药使用量有增大的趋势,有些地方用药量高达10kg/hm^2以上。使用禁用农药和滥用、过量使用农药是造成蔬菜农药残留超标的主要原因。

第五,蔬菜的生长环境;第六,病虫的抗药性增强;第七,对无公害蔬菜生产宣传的力度不够;第八,监管措施不力;第九,信息不畅通(刘肃,2004)。

此外还有一些因素也影响蔬菜的质量安全,如加工过程中的添加剂、防腐剂;包装容器对蔬菜的污染;运输、储存和销售污染以及食用方法,等等。

造成我国蔬菜质量安全问题的原因,表面上直接原因是不良生产者的违规违法行为,但是,基于笔者对该问题的认识和分析,更深层和根本的原因可以归结为下面三个主要方面:

(1) 社会诚信严重缺失。近代中国经历了为数众多的社会剧变,严重破坏了社会的传统文化、道德和社会规范。改革开放前几十年频繁的"阶级斗争"运动,进一步破坏了人们之间的信任的道德基础(郑也夫,2001);改革开放之后,社会结构和价值体系又进一步解体和重构,使得传统的道德文化被打破,而新的道德文化又未建立起来。现阶段中国存在严重的信任危机,成为一个高度机会主义的社会。① 我国蔬菜农药残留超标的现象中绝大多数是由生产经营者在经济利益的驱使下(提高产量、改进外观和压缩成本等)有意而为的行为所引起的。蔬菜农药残留超标原本是信用品层面的问题,消费者购买后无法识别其是否超标,然而,我国当前的蔬菜农药残留超标已严重到发展成为经验品和信用品层面问题共存的境地。蔬菜中毒事件时有发生且屡禁不止就足以说明这一点。理论上,经验品的问题可以通过信誉来加以解决,具体而言就是重复博弈和信誉机制,本质上是通过将来的惩罚来实现当期的合作。然而,我国现实中社会信任度低,消费者的维权成本非常高,生产经营者的数量大而规模小且分散,以及政府的监管能力和积极性不足且惩罚力度小等诸多因素,导致信誉机制无法作用,蔬菜质

---

① 2011 年 4 月 14 日温家宝总理在同国务院参事和中央文史研究馆馆员座谈时的讲话中提到,近年来相继发生"毒奶粉"、"瘦肉精"、"地沟油"、"彩色馒头"等事件,这些恶性的食品安全事件足以表明,诚信的缺失、道德的滑坡已经到了何等严重的地步。

量安全经验品层面的问题泛滥。而经验品层面上的问题是信用品层面上的问题发展到了严重程度的产物,是"露出水面的冰山一角"(周德翼等,2008)。

(2) 蔬菜生产经营者小而分散,交易环节多。现阶段我国蔬菜生产经营的特点是:规模小而分散,组织化程度低。我国现有 2 亿多农户,成千上万的农户从事蔬菜生产,但户均耕地只有约 $0.4hm^2$(约 6 亩)①;蔬菜进入市场的渠道分散而多元化,以市场交易为主;贩销商、批发商和企业与农户之间的交易关系缺乏长期性和稳定性;零售终端分散且规模普遍较小;行业协会等生产经营者的组织不发达。此外,交易(流通)环节众多。这些使得建立在家庭经营基础之上的小规模蔬菜生产和流通模式,由于先天存在的缺陷,如果不通过体系上的改革,很难为消费者提供安全、优质的蔬菜(胡定寰,2005)。

(3) 政府的监管体制机制存在重大缺陷。长期以来,我国一直实行多部门分段式食品安全监管体制,虽然在积极借鉴发达国家的食品安全监管体制改革的经验的基础之上几经调整和改革②,但仍然未改变分段监管的基本模式。目前,我国实行的是"分段监管为主、品种监管为辅"的多部门分段式监管体制,农业、工商、质检、卫生等部门各管一段,多级保障。然而,现行监管体制所存在的问题日益被暴露出来,如各监管部门相互博弈以攫取租金,事前竞争预算和监管权力,事后却相互推卸责任;重复检测造成资源的浪费和企业负担,同时,彼此期盼对方的监控又造成了管理的空白。关于监管体制的问题上节已有详细论述,此处不再赘述。此外,检测设备不完善,检测覆盖面偏低,抽检频率过低,检测信息的披露不透明、不及时,加之政府部门监管工作所具有的信用品属

---

① 我国农户的户均耕地面积与同样人多耕地少的日本相比,只相当日本农户的户均耕地($5.7hm^2$/户)的 7%,相当于美国农户的户均耕地($413hm^2$/户)的 1‰。

② 有关世界发达国家和中国在食品安全监管体制(体系)改革方面的探索,详细内容可以分别参见附录 2 和附录 3。

性，以及政府绩效方面存在的问题等①，使得当前的食品安全监管体制根本无法保障我国蔬菜的质量安全。

除了上述三个主要的深层次原因外，还有如我国居民收入分配不公，贫富差距日益扩大，特别是广大蔬菜生产经营者的收入低、生活境况差，以及国家的经济发展方式和经济结构存在不合时宜等原因也深刻地影响着我国的蔬菜质量安全问题。② 总而言之，造成我国蔬菜质量安全以及食品安全问题如此普遍而严重的根本原因在于制度。因此，急需对我国各种制度进行改革和完善。

---

① 食品安全的政府监管机构及人员只对"上面或上级"负责，不对当地消费者负责。这导致了他们对食品（蔬菜）质量安全监管的积极性不强。

② 具体参见周德翼 2011 年 2 月发表在 SRI 月刊（第 27 期）上的文章《在中国出现食品安全问题是必然的?》（http://www.srichina.org/sri-monthly_detail.jsp? yuekan = 20110227&fid = 306142）。

4 蔬菜供应链的组织模式分析

蔬菜供应链是以蔬菜为对象,由农业生产资料供应商、种植企业或农户、中介组织或代理商、加工商、批发商、物流服务提供商、零售商、消费者等以及与蔬菜密切相关的各个环节构成的组织形式或网络结构。整个蔬菜供应链跨越了农业、工业、流通和商业等多个产业。

4.1 我国蔬菜供应链的主要组织模式

自 2005 年 10 月以来,笔者与所在研究团队的其他成员以蔬菜供应链的各个环节及流程为研究对象,先后对湖北、广东、浙江和山东省的部分龙头企业、农民专业合作组织和农产品批发市场进行了调研,走访了武汉易生生物科技有限公司(简称武汉易生公司)、深圳嘉农现代农业发展有限公司(简称深圳嘉农公司)、浙江临海市上盘镇西兰花产业合作社(简称西兰花合作社)、浙江温岭市箬横西瓜合作社(简称西瓜合作社)、山东安丘市外贸食品有限责任公司(简称安丘外贸公司)、山东寿光市田苑果蔬生产有限公司(简称寿光田苑公司)、山东寿光蔬菜批发市场、武汉白沙洲农产品批发市场、武汉八达通农产品批发市场、深圳市布吉农产品批发市场、嘉鱼县潘家湾蔬菜生产基地、武汉双柳蔬菜生产基地和深圳市百佳超市等数十家组织。我们对组织的负责人和农户进行了访谈,并对"从农田到餐桌"的各个环节进行了实地考察,其中,笔者对个别组织进行了较为深入的跟踪调查。①

我国生鲜蔬菜供应链的参与主体包括农业投入品供应商（涉及种子、化肥、农药等）、农户、农户合作组织、运销商贩、运销协会、批发商、贸易公司和超市等，整体供应链的结构如图4-1所示，整个供应链可以分为五个部分：

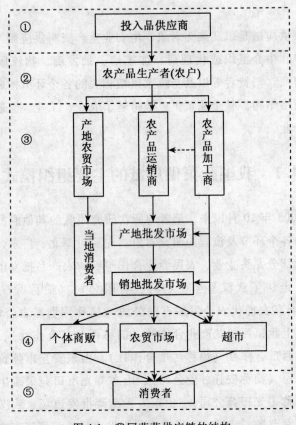

图4-1 我国蔬菜供应链的结构

---

① 笔者和课题组成员重点调查了深圳嘉农公司（先后进行了四次调查，时间分别为2005年11月、2006年1月和9月、2007年7月）和上盘镇西兰花产业合作社（先后进行了三次调查，时间分别为2006年4月、10月、11月）。

(1) 投入品供应商，提供种子、农药和化肥等农业生产资料。

(2) 蔬菜生产者，包括农户、各种农民专业合作组织以及各种承包土地进行蔬菜种植活动的生产者。

(3) 中间蔬菜经销商，如各种"中间人"或"中介"、运销公司、运销协会、批发商等。

(4) 终端蔬菜经销商，如种超市、农贸市场、个体商贩和蔬菜专营店等。

(5) 最终消费者，如个人、家庭、机关和企事业单位食堂、餐馆和酒店等。

根据所进行的实地调研，笔者可以将这些案例归为三种不同的供应链组织模式："批发商+农户"为主导的模式、"公司+农户"为主导的模式和出口为主导的模式。下面将分别详细介绍这三种蔬菜供应链的组织模式。

4.1.1 "批发商+农户"为主导的组织模式

这是一种传统的蔬菜供应链模式，也是我国目前所占比例最大且最为普遍的一种蔬菜供应模式（见图4-2）。这种模式的特点是：生产与销售之间主要通过各地农产品批发市场连接，批发商在其中扮演核心角色。每到蔬菜收获的季节，蔬菜产地的运销户（或运销协会）和外地的批发商将蔬菜收购集中，然后运到批发市场（产地批发市场或者是销地批发市场），最终经农贸市场等零售终端到达消费者。批发商与农户之间没有合同，没有固定的交易关系，他们之间是自由交易。

"批发商+农户"为主导的供应链的组织模式中，批发商是整个系统的核心。市场的信息来源和发布都掌握在批发商的手中，价格主要是在批发市场内形成。这种模式中的农户、批发商和零售商之间是完全的买断关系，交易双方存在着严重的信息不对称和议价成本高等问题。[1] 这种极为分散的生产与销售结构，决定了批发商

---

[1] 赵一夫. 中国生鲜蔬果物流体系发展模式研究. 北京：中国农业出版社，2008：20-21.

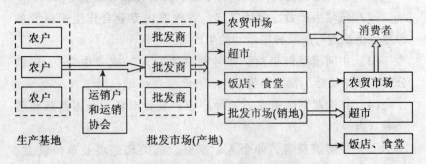

图 4-2 "批发商+农户"为主导的供应链模式

或运销商等无法有效地将需求信息,如蔬菜的口味、外观和需求时间等传递给农户,更谈不上对蔬菜农药残留等质量安全方面的控制和指导。因此,这种模式下生产销售的蔬菜往往质量不均,质量安全缺乏保障,供应不稳定,消费需求也不确定。然而,这种供应链模式所生产蔬菜的产量(包括农民自己的直接消费)占到总产量的 90% 以上。

根据笔者对湖北省武汉市新洲区双柳蔬菜基地、嘉鱼县潘家湾蔬菜生产基地、白沙洲农产品批发市场、深圳市布吉农产品批发商、山东省寿光蔬菜基地和寿光蔬菜批发市场等的调研来看,"批发商+农户"为主导的供应链模式仍然属于蔬菜生产供应销售的主流。

4.1.2 "公司+农户"为主导的组织模式

这种模式如图 4-3 所示,主要是通过农户和企业之间的契约安排,它规定了产品的生产数量、价格、质量、交易时间以及各方在产品生产过程中的责任与义务等,其具体形式有多种,主要概括为两大类:一类是单纯的"公司+农户"模式,在这种模式下,公司直接与农户签订正式或非正式的合同。另一类是"公司+中介+农户"模式,在这种模式下,公司一般与中介人或组织签订正式或非正式的合同,然后由中介直接或协助公司与农户发生生产或交易上的关系。其中的中介可以是农村经济组织、农户合作组织、贩销大户、种植大户等。公司收购产品后经过两种渠道(批发市场和超市)进入消费环节。其中有些公司同时还为合同农户提供生产资料及病虫害防治等服务;对于生产风险较高的产品(比如叶菜类)或其产品直接进入大型超市的公司,一般直接提供种子、化肥和农药等物资,或规定允许使用化肥农药的品种,并配有检测员,有些还实施可追踪系统。

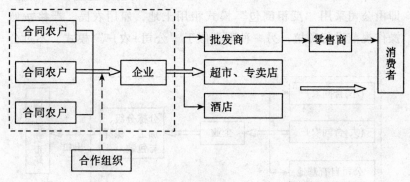

图 4-3 "公司+农户"为主导的供应链模式

这种蔬菜供应链模式的主要特点为:

(1)供应链的结构相对稳定,上下环节通过事先签订的契约规定双方的责权利,彼此间是一种长期交易行为,环节之间连接紧密。

(2)通过公司的集中信息处理,农户按要求生产,公司对生产过程实施监督和管理,蔬菜的品质比较均匀,质量有所改善。

(3)供应链对于市场风险的承载能力有限,尽管农户与公司签订了收购合同,规定了收购的品种、质量和价格等,但一旦市场发生剧烈的变化,超过公司承担的限度,合同将无法履行,导致违约率居高不下;此外,由于农户处于信息获取的末端,市场信息获取和价格谈判能力较弱,可能成为其他环节参与方利益的牺牲品,这将极大地抑制农户个体参与市场的积极性。

在所调查的案例中，深圳嘉农公司、西兰花合作社（内销模式①）和寿光田苑公司等都是采用此模式。

4.1.3 以出口为主导的组织模式

以出口为主导的组织模式也可以称为以纵向一体化为主导的组织模式。这种模式主要应用于蔬菜或食品出口的组织中，其具体的形式有两种（见图4-4）：一种也称为完全纵向（垂直）一体化，即由公司采用"反租倒包"模式租用土地，雇用农民，严格按照操作规范进行种植；另一种则类似于"公司+农户"模式，不过公

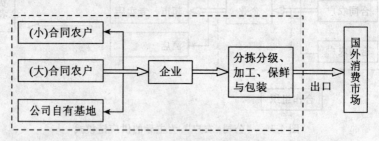

图4-4 以出口为主导的供应链模式

司只与规模较大的农户签订合同，使其成为公司的合同农户，而且，签订的合同期限较长，关系较稳定，管理更为严格。产品在中国出入境检验检疫局的监管下经由海关进入国外消费市场。无论采用哪种形式，公司一般都严格实行农田管理和操作规范，实施农田生产档案制度和可追踪系统，并实行统一下达种植计划、统一供应种苗、统一供应药肥、统一病虫害防治、统一检测监控、统一收购加工。公司一般都经过了相关的质量认证。这种模式的特点为：供应链的各参与主体是一种伙伴关系，有共同的利益。他们频繁地交换信息，互相沟通和磋商，提供技术支持，有时采购商还与其供应

---

① 西兰花的供应链组织模式有多种，其中内销模式指的是"国内市场+公司+合作社+散户/小规模农户"，外销模式指的是，"国外市场+公司+合作社+大规模农户"。

商共同投资，例如很多外国的采购商就与其在中国的供应商保持着长久关系，并定期检查生产档案。具体案例有武汉易生公司、安丘外贸公司和西兰花合作社（外销模式）等。

4.2 发达国家蔬菜供应链的主要组织模式

蔬菜供应链的探索与研究始于 20 世纪 90 年代初，发达国家普遍非常重视农产品（食品）供应链以及蔬菜供应链的建设，经过数十年的发展，迄今为止，发达国家逐渐形成了三种主要蔬菜供应链的组织模式：北美模式、西欧模式和东亚模式。① 下面分别对这几种模式进行介绍。

4.2.1 北美蔬菜供应链的组织模式

北美蔬菜供应链的组织模式以美国、加拿大等国家为主要代表，是一种以大型超市、连锁零售商为主导的直销模式，也可以称为超市模式。由于北美国家大多地广人稀，农业生产者的规模较大，农业资源丰富；经销蔬菜的大型超市等零售连锁终端发展很快，且数量很多；高速公路和现代化的运输保险设备非常发达；最终促成了生产者或生产者组织在产地将蔬菜产品进行分级、包装处理后，直接进入大型超市、连锁零售店或配送中心，最后到达消费者的一种直销模式。这种模式的流通渠道短、中间环节少、效率高，蔬菜损失率控制在 5% 以下，甚至有的低至 1% ~2%，因而，近年来北美国家的批发市场的部分功能逐渐被削弱，直销模式的比例有逐年增大的趋势。以美国为代表的北美蔬菜供应链的组织模式如图 4-5 所示。

这种以超市为核心的模式，实际上是一种"产销直挂"的模式，将生产者和零售终端直接衔接，减少了中间环节的参与主体，减少了交易成本和流通成本。以美国为例，一方面，美国大部分蔬

---

① 魏国辰，肖为群. 基于供应链管理的农产品流通模式研究. 北京：中国物资出版社，2009：45-68.

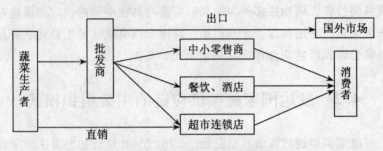

图 4-5　北美蔬菜供应链的组织模式

菜是通过大型超市和连锁食品店来实现供给的，一些大规模的超市和连锁食品店纷纷建立起自己的配送中心，直接到产地组织蔬菜的采购，以减少中间的环节与费用；另一方面，美国的农场经营规模较大，许多农场主或蔬菜生产者直接为零售商提供多品种、大量的蔬菜供应。在美国，以超市为零售终端的直销模式已经占到蔬菜市场份额的 33% 以上。

4.2.2　东亚蔬菜供应链的组织模式

以日本为代表，包括韩国以及中国台湾地区等的蔬菜供应链组织模式称为东亚模式，也可以称为批发市场模式。以日本为例，日本在自然条件方面是人多地少，以家庭为单位进行小规模农业生产，蔬菜生产者的规模普遍较小，70% 的农户经营规模在 $1hm^2$ 以下，而日本的农业协同联合会（简称农协）在蔬菜供应链中发挥着积极的作用，农协作为批发市场的主要供货团体，拥有保鲜、加工、包装、运输和信息网络等资源优势，将农户生产的蔬菜集中起来进行统一销售。日本的蔬菜批发市场发展得相当成熟，蔬菜从农户生产一直到消费者手中，通过批发市场中心环节，形成了一套严密高效快捷的运作体系，其中拍卖是批发市场最重要的交易活动，绝大部分蔬菜由批发商通过拍卖销售给中间批发商或其他交易者。据统计，日本 80%~90% 的蔬菜是经由批发市场这一环节到达消费者手中的。日本蔬菜供应链的组织模式如图 4-6 所示。

近年来，随着消费者需求和偏好的不断变化，以及信息化的高

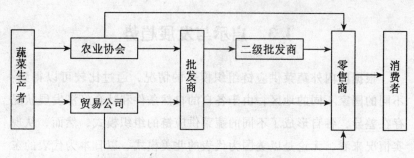

图 4-6 日本蔬菜供应链的组织模式

速发展，日本蔬菜供应链的组织模式向多样化发展，蔬菜通过批发市场的流通量占总流通量的比例有所下降，但是，批发市场仍然是日本蔬菜供应的主渠道。

4.2.3 西欧蔬菜供应链的组织模式

西欧蔬菜供应链的组织模式是以荷兰、法国、英国、意大利等国的蔬菜供应链模式为主要代表。这种模式以农业合作社为中坚力量，以拍卖方式作为批发市场蔬菜交易的重要形式，其中，农业合作社负责收购蔬菜，在信息、科技、培训等方面积极为农户提供服务，提高农户的组织化程度，保护和增加了农户的利益；规范而成熟的拍卖市场为蔬菜产销对接提供了一个非常便捷的场所和渠道，同时，拍卖市场还涉及蔬菜的检测、储存和运输等环节。

以荷兰为例，荷兰国土狭小，人口密度极高，资源贫乏，自然条件并不理想，但是，荷兰却是全球仅次于美国和法国的第三大农产品出口国，是欧洲大陆农产品的分销中心，是世界最大的马铃薯出口国。荷兰的拍卖市场非常发达，在全世界享有盛誉。蔬菜可以在全国 20 多个批发市场进行单独拍卖交易，而且，交易者随时能够了解全国各个市场的交易情况，在某个市场可以同时参加其他市场的交易。目前，荷兰有 25 家大型拍卖公司和与之相配套的大型拍卖市场，全国 80% 的蔬菜、82% 的水果和 90% 的鲜花都是通过拍卖完成交易的。此外，随着时代的发展，西欧蔬菜直销的比例也在不断增加。

4.3 启示与发展趋势

根据国内外蔬菜供应链组织模式的情况，通过比较可以得到：不同的国家不同的地区，由于各自的自然条件和社会经济发展状况存在差异，各自形成了不同的蔬菜供应链的组织模式，然而，从现实情况来看，无论是以美国为代表的北美模式、以日本为代表的东亚模式，还是以荷兰和法国为代表的西欧模式，都能够保障高效、快捷和安全的蔬菜供应。这些模式都值得我们学习与借鉴，并对我国的蔬菜供应链的组织发展产生了积极而深远的影响。

随着经济发展、技术进步以及消费者对食品安全的日趋关注，当前我国蔬菜供应链的组织模式呈现出多元化趋势，除了上述介绍的国内三种主要供应链的组织模式之外，还有一些其他类似或新的形式，如"支部+协会"和"农超对接"等模式。特别是近几年来，随着我国超市的发展和完善、人们消费观念的改变，以及国家大力支持大型连锁超市和农产品流通企业开展"农超对接"，蔬菜经由超市销售的比重也逐步增加。

其实，"农超对接"类似于"产销直挂"和直销模式，是指农民与超市通过农民专业合作社和农业公司等组织按照某种协议合约和操作方式，向农产品产地的农民直接采购标准化的农产品，简称"超市直采"或"农民直供"，即超市直接到农村去采购农产品，或是农民把他们的农产品直接送进超市。"农超对接"也存在着多种不同模式，有"超市+专业合作社"和"超市+农产品公司"等。在"农超对接"模式中，超市利用自身在市场信息、管理等方面的优势参与农业生产、加工、流通的全过程，为农业生产提供技术、物流配送、信息咨询、产品销售等一整套服务，从而成为农户与市场的纽带，将农户的小生产与大市场有效地连接起来，发挥流通带动生产的作用。这一模式是我国农产品流通方式的一次创新，优化了农产品供应链，有助于构建适合我国基本国情的农产品现代流通体系。① 此外，"农超对接"也有助于提高蔬菜等农产品质量安全的水平。因此，"农超对接"为主导的模式将成为蔬菜供应链的一种非常重要的组织模式，并在提供安全新鲜蔬菜的供给方面将发挥更大的作用。

---

① 胡定寰． "农超对接"怎样做？．北京：中国农业科学技术出版社，2010：138-171．

5 蔬菜供应链仿真模型的构建

　　计算机仿真是应用电子计算机对系统的结构、功能和行为以及参与系统控制的人的思维过程和行为进行动态性比较逼真的模仿。计算机仿真已经成为一种新的科学研究方法，它极大地扩展了人类认知世界的能力，可以不受时间和空间的限制，观察和研究已发生或尚未发生的现象，以及在各种假想条件下这些现象发生和发展的过程；它可以帮助人们深入到一般科学及人类生理活动难以到达的宏观或微观世界去进行研究和探索，从而为人类认识世界和改造世界提供了全新的方法和手段，具有其他学科难以替代的求解高度复杂问题的能力。

　　计算机仿真在自然科学和社会科学等领域正发挥着越来越大的作用，并且，已成功地应用于军事、交通、社会、经济、管理、农业、商业、教育、医学、生命、生活服务等众多领域。特别是20世纪90年代以来，随着复杂性科学的兴起，越来越多的社会科学研究者逐渐发现计算机仿真是理解复杂的社会—经济系统动态过程的绝佳手段，相关研究以及计算机仿真在社会科学中的应用明显呈现出越来越深远而广泛的发展前景。

　　本章将先对涉及计算机仿真的基于主体建模的概念和方法进行简单的介绍，然后，以实地调研为基础，针对笔者所要研究的主体和问题，运用基于主体建模的方法，构建一个蔬菜供应链的仿真模型，识别模型中的变量和参数，并对变量和参数的变化范围以及参数的具体取值进行详细而合理的说明。

5.1 基于主体（Agent）建模

20世纪90年代，随着计算机和人工智能技术的进步，特别是主体技术、多主体系统和分布式人工智能（Distributed Artificial Intelligence, DAI）等技术与理论的发展，促使基于主体建模（Agent-Based Modeling, ABM）的方法开始兴起，并且逐渐应用到经济学、管理学和社会学等诸多领域。ABM这种自下而上的模型策略是复杂适应系统（Complex Adaptive System, CAS）理论①、人工生命（Artificial Life, AL）以及分布式人工智能技术的融合②，它利用具有一定自主推理、自主决策能力的多智能体以及由其组成的多智能体系统，通过模拟真实系统的运行过程而研究动态过程、运行机制，实现对真实系统运行状态和变化规律的综合评估与预测，进而实现对真实系统设计与结构的改善或优化；ABM关注的是系统中大量异质性个体间的相互关系，强调进化和适应行为，主张非均衡的发展路径，通过观察大量的微观主体的相互作用来研究宏观上整个系统的动态演化过程。目前，这种方法已经成为继面向对象方法之后出现的又一种进行复杂系统分析与模拟的重要手段。

5.1.1 主体与多主体系统

（1）主体（Agent）。Agent的概念出现于20世纪70年代的人

---

① 复杂适应系统理论是美国约翰·霍兰德（John Holland）教授于1994年，在桑塔费研究所（Santa Fe Institute）成立10周年时正式提出的。该理论认为系统演化的动力本质上来源于系统内部，微观主体的相互作用生成宏观的复杂性现象，其研究思路着眼于系统内在要素的相互作用，所以它采取"自下而上"的研究路线；其研究深度不限于对客观事物的描述，而是更着重于揭示客观事物构成的原因及其演化的历程。复杂适应系统理论的提出对于人们认识、理解、控制、管理复杂系统提供了新的思路。

② 人工生命，指通过人工模拟生命系统，来研究生命的领域，是由人工智能产生的概念。最先由计算机科学家克里斯多弗·兰登（Christopher Langton）于1987年在"生成以及模拟生命系统的国际会议"上提出。

工智能中，80年代后期才成长起来。Agent具有丰富的内涵，其对应的中文名词有"主体"、"智能体"或"代理人"等。在计算机领域，Agent可认为是被授权的"个人软件助理"（Personal Software Assistants），是一种在分布式系统或协作系统中能自主发挥作用的计算实体，常简称为"智能体"。当然，现在Agent的概念已经广泛应用于人工智能和复杂适应系统等相关领域，并且在社会科学和系统科学中更多称其为"主体"。一般而言，一个主体应该具有以下全部或部分特征：

①自治（自主）性（Autonomy）。这是一个主体的本质的特征。主体的自治性体现在：其行为应该是主动的、自发的（至少有一种行为是这样的）；其应该有它自己的目标或意图；根据目标、环境等的要求，主体应该能自行控制其状态和行为，对自己的短期行为做出计划。

②通信能力（Communication）。主体能用某种通信语言与其他实体交换信息和相互作用。

③反应性（Reactivity）。主本能够感知其所处的环境，并能及时迅速地对之做出反应，以适应环境的变化。

④适应性（进化性）（Adaptability）。主体可以积累或学习经验和知识，并修改自己的行为以适应新的形势。

⑤社会性（Social Ability）：无论是现实世界，还是虚拟世界，通常都是由多个主体组成的系统。在该系统中，单个主体的行为必须遵循和符合主体社会的社会规则，并通过某种主体交互语言，以它们认为合适的方式与其他主体进行灵活多样的交互，并与其他主体进行有效的合作。

（2）多主体系统。多主体系统（Multi-Agent System，MAS）是由多个自治的主体或半自治的主体组成的计算机系统，这些主体相互协调，相互交互，以完成某些目标或执行某些任务。该系统中一般包含同质或异质的多种主体，这些主体之间的目标可以是相同的，也可以是矛盾的。MAS可看成是一种自底向上设计的系统，首先定义出分布自主的主体，然后研究如何完成多个主体的任务求解。研究出发点是系统的行为立足于每一个主体的局部信息与目标,在有限的知识与资源的基础上通过多主体之间的交互协调达到系统的总体目标。所以,MAS 比分布式问题求解(Distributed Problem Solving,DPS)系统更能体现人类社会的智能,更适合于开放动态的环境。

多主体系统具有以下特点:

①高层次的交互。MAS 除了可以描述传统的客户/服务器类型的交互方式外,还可以描述复杂的社会交互模式:合作、协调和协商等。面向主体的交互与其他软件工程有着本质的不同:面向主体的交互通常是通过更高层次的主体通信语言,因此面向主体的交互是在知识这个层次上进行的;而且面向主体的交互是一种柔性交互,需要在实际运行中通过对环境的观测来做出相应的交互,这与在系统设计时就预定好的其他软件工程中的交互是不同的。

②主体之间丰富的组织关系。由于主体可以用来代替某个组织或个人,多主体系统通常反映了这种组成环境。主体之间的关系可以是来自组织者中的各种关系,例如同等关系、上下级关系等。主体系统的结构来自组织中的结构,例如团队、群组和联盟等。而且这种关系和结构是可以随着主体之间的交互而不断地演化,例如新的主体加入团队中或者团队的解散。

③数据、控制、资源的分布。MAS 特别适合于需要多个不同的问题求解实体相互作用共同求解某个共同问题或它们各自问题的领域,而多数情况下,这些实体、数据和资源在物理或逻辑上是分布式的。

5.1.2 ABM 方法及应用

(1) 基于主体建模的思想。基于主体的建模是一种由底向上(Bottom-up) 的建模方法,它把主体作为系统的基本抽象单位,采用相关的主体技术,先建立组成系统的个体的主体模型,然后采用合适的 MAS 体系结构来组装这些个体主体,最终建立整个系统的系统模型。多主体系统模型的设计思想主要得益于美国著名科学家和心理学家、复杂理论和非线性科学的先驱、遗传算法之父、约翰·霍兰德(John Henry Holland)教授的复杂适应系统的建模方法，称为建筑积木（Building Blocks）的设计方法，其中的积木块可以看做是多主体系统中的各个主体。这种方法就是将一个复杂的场景分解成若干个基于成分和关系完全不同的种类。积木块可以重复使用并组合起来创建相关而持续变化的场景。随着积木块的分解和重复使用，新事物将通过组合逐渐涌现。甚至，仅仅以少数几个种类的组成部分或积木块和规则进行组合，就可以构建出呈指数递增的大量不同的结构形式。

这种建筑积木方法的难处在于，如何将一个复杂的场景分解为尽可能少的，且高度相关的几类组成部分，其中，主要考虑的是合并的要素，以及将它们结合到一起规则——也可以指可能的相互关系。若能做到这一点，此方法将具有很好的可扩展性和结构重组的效率。若此方法应用于聚集（Aggregation）或分层（Tiered）设计中，其功能将更加强大。聚集涉及那些复杂的大规模的行为，从不太复杂的主体聚集的相互作用下涌现，这是所有复杂适应系统的基本特征。

（2）基于主体建模的过程。ABM方法的基本过程或步骤归纳如下：

①问题识别和系统分析。分析理论和现实中存在的问题，提出解决问题的目标，然后，选择所研究系统中相关的微观个体，确定微观个体之间的互动关系和系统的规模。

②确定模型的结构。在进行系统分析的基础上，选择相关的微观个体作为模型中的主体，确定模型中的主体行为之间的关系，并决定主体的规模（模型中每一类主体的个数）。具体而言，就是确定模型中主体的种类、每类主体的数量以及这些主体之间的连接关系。

③各类主体的设计。确定模型的结构后，对每类主体的属性和行为进行定义。主体的属性决定其行为，主体的行为能改变其属性，甚至改变行为模式本身（行为进化）。对单个主体的设计是对模型结构设计结果的进一步细化。

④主体交互的设计。在确定模型的结构之后，就确定了主体之间的关系，而主体之间的相互作用关系是通过其行为的交互实现

的，因而，在建立主体模型的时候应该将这种关系转换为相互作用的各类主体的行为。

⑤实验设计。选择一种计算机仿真工具平台或是一种计算机程序设计语言，模拟主体行为模式和系统的运行模式。确定变量和参数及变化范围，采用合适的方法为所有主体状态赋初值，并设定实验情景。

⑥分析结果。多次运行计算机程序，观察模型的运行结果，分析输出的数据结果，对其中的机制或规律进行总结归纳，并对其进行合理的解释说明并预测系统的发展趋势。

（3）ABM 的应用。随着基于主体建模方法的成熟，它的应用领域也扩展到各个学科，特别是 20 世纪 90 年代中后期，基于主体的计算经济学（Agent-Based Computational Economics，ACE）得到了不断发展和完善，并已经逐渐成为发展迅速和多学科交叉的前沿研究热点之一。运用基于主体的建模方法，人们已经成功地对宏观经济系统、市场经济系统、人工股票市场、人工社会系统以及物流供应链等进行了模拟与仿真，具有广泛影响力的有：

①1996 年美国的 Sabdia 国家实验室开发了一个基于多主体的美国经济模型——ASPEN，该模型在微观、宏观结构以及运行机制方面更加接近现实经济，能够更加真实地再现经济现象中的一些复杂系统特征，在表现系统的非线性、波动性、分化性等方面弥补了传统经济数学模型方法的不足。

②由美国经济学家布赖恩·阿瑟（Brian Arthur）和约翰·霍兰德合作建立的人工股市模型（Artificial Stock Model，ASM），成功地模拟出了真实股市中的"股市心理"，以及狂跌狂涨的非线性突变现象。

③由 Josh Epstein 和 Bob Axtell 两人开发完成的一个人工社会系统——糖域（Sugarscape），用来研究包括环境变迁、遗传继承、贸易往来、市场机制等广泛的社会现象。

总而言之，目前运用 ABM 的仿真研究很好地解释了诸如合作与协调、组织行为、社会规范（习俗、惯例和道德等）的演化以及经济网络的形成等现象，被证明很适合于对这些现象进行建模与模拟。社会组织的形成与优化、文化道德和社会制度的形成、危机的产生等研究领域，也已成为基于主体建模研究的主要领域。

5.2 仿真模型的目标与结构

本书运用上述介绍的基于主体建模的方法，建立一个蔬菜供应链的仿真模型。在系统设计和实现之前，首先应该进行系统分析，确定模型的结构，具体而言就是确定模型中要涉及的微观主体的类型，识别各个微观主体的属性和行为，以及他们之间的互动关系；还要确定系统的规模，即模型中各类微观主体的数目。然后，才能进行主体的设计与行为及其互动的描述等。

蔬菜供应链模型是对现实中从种植农户到消费者整个过程的一种抽象，其简化示意图见图5-1，笔者希望通过对蔬菜供应链的仿真，分析供应链中参与主体的行为及影响行为的因素，探析其运作机制或其背后的逻辑。具体而言就是想探讨外部制度环境（政府监管手段、力度和体制）对供应链的组织结构和对供应链中各参与主体机会主义行为的影响，以及供应链的组织结构对政府监管的影响。

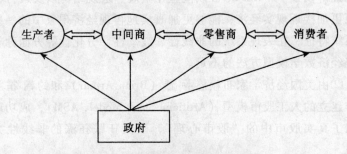

图 5-1 蔬菜供应链的流程示意图

由于蔬菜安全问题（特别是蔬菜农药残留）主要发生在生产环节，所以，这里抽取供应链中生产环节作为研究的对象，将其抽象为由生产者、中间商和政府组成的一个系统，并对该系统进行建模和仿真。该模型由三类不同的主体组成：生产者（农户）、中间商和政府，其中，中间商主要是指批发商或加工企业，不是指贩销户和运销户等中介。生产基地有 100 个同质的农户，每个农户每期生产 10 个单位的蔬菜。农户生产的蔬菜有安全和不安全①两种类型。由于安全属于信用品属性，因此蔬菜的真实质量只有生产者自己知道，其他交易者无法识别。批发市场有 10 个批发商，他们每次交易随机在农户中抽取 10 个农户进行配对。如果批发商中有批发商转换为合同批发商，则合同批发商将与其交易的农户签订合同，建立固定的交易关系。这里的批发商自由采购和批发商与合同农户固定交易，对应着两种供应链的组织结构或模式，两者之间可以相互转换。政府的不同部门则对农户和批发商分别进行检测。模型示意图如图 5-2 所示。

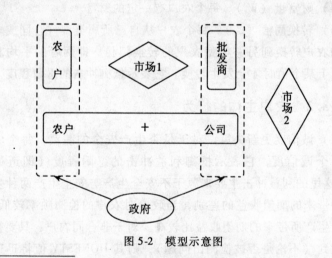

图 5-2　模型示意图

---

① 安全蔬菜指的是生长环境被严格确认为安全的，采用科学的方法，合理使用农药（农药残留严格达到标准和对环境无污染）、化肥生产出来的，食用部位无毒、无害，符合营养要求，具有正常的色、香、味等感官性状，可以确保在正常食用后，不会对人体致病和致害的蔬菜；而不安全的蔬菜指的是其生长环境和生产方法不能被确认为安全的，也不够确保它们被食入以后，不会在当时或潜在地对人体致病和致害的蔬菜。本书中的蔬菜是否安全主要是指蔬菜的农药残留是否超标，因而，这里的安全蔬菜是指没有农药残留或农药残留符合国家（国际）标准的蔬菜，而不安全的蔬菜是指农药残留超标的蔬菜。

5.3 农户主体的设计与描述

5.3.1 农户主体的属性

（1）农户编号（N_1）。模型中有众多的农户对象，这里N_1编号用来唯一标示模型中的农户主体。

（2）农户身份（ID_1）。每个农户都一个身份，即标记是合同农户还是非合同农户。

（3）诚信度（HONESTY）。每个农户自身有个诚信度，即是否生产不安全蔬菜的道德底线。

（4）财富量（W_1）。每个农户有一定的财富。

（5）转换阈值（G_1）。每个农户从自己所属类型（合同或非合同）的农户转换到另一类型农户的转换门槛，即两者的平均利润之差大于某个值时才会发生转换。它表示抵御冲击的忍耐程度。

5.3.2 农户主体的行为

（1）诚信度更新决策。对于是否生产安全的蔬菜，每个农户都有一个诚信度，它表示抵御利益冲击的忍耐程度（即道德底线）。这里的利益冲击主要来源于不安全生产与安全生产两种生产方式所带来的期望收益的差别，当政府对农户的检测频率较低时，不安全生产所带来的期望收益比较高。对于非合同农户，只要被政府抽检到（不论是否被检测出问题），则其HONESTY值将迅速增加，且根据式（5-2）更新；如果非合同农户未被抽检到，则其HONESTY值将少量减小，且根据式（5-1）更新。对于合同农户，无论是自己被政府抽检到（不论是否被检测出问题），或是自己的批发商被政府检测出问题，则其HONESTY值都将迅速增加，且根据式（5-2）更新；如果合同农户和自己的合同批发商都未被政府抽检到，或是合同农户未被政府抽检到，且自己的合同批发商未被政府抽检出问题，则其HONESTY值将少量减小，且根据式（5-1）更新。

$$HONESTY_{t+1} = (1-d^+) HONESTY_t + d^+ \min IMAL\_HONESTY \quad (5-1)$$

$$HONESTY_{t+1} = (1-d^-) HONESTY_t + d^- \quad (5-2)$$

其中，当 HONESTY 为 0 时，表示完全不讲诚信，即抵挡不了任何利益的诱惑；当 HONESTY 为 1 时，表示完全讲诚信；随着 HONESTY 值的逐渐增大，表示诚信度也逐渐增高；$d^- \in (0, 1)$ 表示负面经历的影响因子，$d^+ \in (0, 1)$ 表示正面经历的影响因子，且 d^- 大于 d^+，表示负面经历有更大的影响；min IMAL_HONESTY 为诚信度的最低值。该更新式子体现了短期记忆（Short Memory）和禀赋效应（Endowment Effect）①。

（2）生产决策。生产基地的农户有两种生产方式：生产安全的蔬菜和生产不安全的蔬菜，每个农户的生产决策都是根据利益的计算和自己的诚信度，这里主要由三部分共同决定：利益诱惑、随机扰动因素和诚信度。②

①对于非合同农户，其生产决策公式如下：

$$\lambda k_1 + (1-\lambda)\rho > HONESTY \quad (5-3)$$

如果 $\lambda k_1 + (1-\lambda)\rho > HONESTY$ 则生产不安全的蔬菜，如果小于则生产安全蔬菜。其中，$\lambda \in (0, 1)$ 为权重，$\rho \in (0, 1)$ 为

---

① 禀赋效应是指当个人一旦拥有某物品，那么他对该物品价值的评价要比未拥有之前大大增加。它是由 Thaler（1980）提出的，这一现象可用行为金融学中的"损失厌恶"理论来解释，该理论认为：一定量的损失给人们带来的效用降低要多过相同的收益给人们带来的效用增加。因此，人们在决策中对利害的权衡不是均衡或均等的，对"避害"的考虑远大于对"趋利"的考虑。

② 关于本书中的生产决策以及前面提到的诚信度更新决策，主要参考了由 Dmytro Tykhonov, Catholijn Jonker 等人 2008 年写的一篇文章 "*Agent-Based Simulation of the Trust and Tracing Game for Supply Chains and Networks*" 中的部分内容，与其不同之处在于，这里的生产决策中的利益诱惑是指农户生产不安全蔬菜与生产安全蔬菜两种情况的期望收益之差被标准化后的一个值，而他们文中生产决策中的利益诱惑是指生产低质量产品与生产高质量产品的收益之差被标准化后的一个值。笔者认为用期望收益更符合现实。具体细节请参见其文章（http://jsss.soc.surrey.ac.uk/11/3/1.html）。

一个任意随机数，$k_1 \in (0, 1)$ 表示为农户生产不安全蔬菜与生产安全蔬菜两种情况的期望收益之差被标准化后的一个值①，其值等于 $(C_S - C_L - F\theta_1/100)/(C_S - C_L)$，$\theta_1$ 是政府对农户的抽检频率，$\theta_1/100 \in (0, 1)$ 为政府对农户抽检的概率（由于某个农户生产的蔬菜是同质的，因此，认为政府一旦抽检到某个农户，就知道其全部蔬菜是否安全）；$1 - \theta_1/100$ 为农户未被政府抽检到的概率。

（2）对于合同农户，其决策方式类似上述方法：

$$\lambda k_2 + (1 - \lambda)\rho > HONESTY \qquad (5\text{-}4)$$

合同农户的生产决策需要考虑自己以及其合同批发商对自己的影响。如果 $\lambda k_2 + (1-\lambda)\rho > HONESTY$，即式（5-4）成立，则生产不安全的蔬菜；如果小于或式（5-4）不成立，则生产安全蔬菜。其中，$k_2 \in (0, 1)$ 表示为农户生产不安全蔬菜与生产安全蔬菜两种情况的期望收益之差被标准化后的一个值②，其值等于：$[C_S - C_L - F_1\theta_1/100 - F_3\alpha\theta_2/1000 + (F_1 + F_3)\alpha\theta_1\theta_2/100000]/(C_S - C_L)$，$\theta_2$ 是政府对批发商的抽检频率，α 是政府对批发商的蔬菜的抽检频率。

（3）出售蔬菜。生产决策确定之后，农户将其种植的蔬菜卖给批发商而获得收入，其所得收入减去生产成本，如果有罚款，则扣除罚款，最后得到的就是该农户的利润。其利润将增加农户财富从而改变农户财富量的属性。这里我假设每个农户每期出售10个单位的蔬菜，且无论农户所生产的蔬菜是否安全，农户与批发商之

---

① $k_1 = [(P_1 - C_L)(1 - \theta_1/100) + (P_1 - C_L - F)\theta_1/100 - (P_1 - C_S)]/(C_S - C_L) = (C_S - C_L - F_1\theta_1/100)/(C_S - C_L)$，$k_1$ 的含义为：对于非合同农户，不安全生产方式（低成本）对安全生产所带来的利益诱惑。

② $k_2 = [(P_1 - C_L)(1 - \theta_1/100)(1 - \alpha\theta_2/1000) + (P_1 - C_L - F_1)\theta_1/100 + (P_1 - C_L - F_3)\alpha\theta_2/1000 - (P_1 - C_L - F_1 - F_3)\alpha\theta_1\theta_2/100000 - (P_1 - C_S)]/(C_S - C_L)$

$= [C_S - C_L - F_1\theta_1/100 - F_3\alpha\theta_2/1000 + (F_1 + F_3)\alpha\theta_1\theta_2/100000]/(C_S - C_L)$，$k_2$ 的含义为：对于合同农户，不安全生产方式（低成本）对安全生产所带来的利益诱惑。

间的交易市场都有一个统一的成交价格① (P_1):

$$P_1(t) = (C_L + C_S)/2 + \varepsilon(t) \qquad (5\text{-}5)$$
$$\varepsilon(t) \sim N(\mu, \sigma^2)$$

其中 $\varepsilon(t)$ 是服从正态分布的一个随机项（这里假设：$\mu = 0.2$，$\sigma^2 = 0.3$），即市场价格是随机波动的；C_S 和 C_L（C_S 比 C_L 大）分别为生产安全和不安全蔬菜的单位生产成本。如果农户所生产的蔬菜被政府检测出有安全问题，则对农户罚款 F_1（对每单位产品罚款 0.2），并改变其 HONESTY 值。

①对于非合同农户，其利润函数如下：

$\varphi^1 = 10(P_1 - C_L)$，当生产不安全蔬菜且没被政府检测到的时候；

$\varphi^2 = 10(P_1 - C_L - F_1)$，当生产不安全蔬菜且被政府检测到的时候；

$\varphi^3 = 10(P_1 - C_S)$，当生产安全蔬菜的时候。

②对于合同农户，由于需要考虑保护价 P_R，其情况相对比较复杂，具体情况如下：

第一，价格 $P_1(t) > P_R$ 的情况下，且合同农户生产的蔬菜是不安全的，其利润如下：

$\pi_1 = 10(P_1 - C_L)$，当合同农户与合同批发商都没被政府抽检到，或者当合同农户未被政府抽检到，合同批发商被抽检到，但未查出问题。

$\pi_2 = 10(P_1 - C_L - F_1)$，当合同农户被政府检测到有问题，合同批发商未被抽检到；或者当合同农户被政府检测到有问题，合同批发商也被抽检到，但没有问题。

$\pi_3 = 10(P_1 - C_L - F_3)$，当合同农户未被政府抽检到，但合同批发商被检测出有问题。

$\pi_4 = 10(P_1 - C_L - F_1 - F_3)$，当合同农户和合同批发商都被政府检测到有问题。

---

① 由于信息不对称而导致逆向选择和市场失灵，市场未能形成"优质优价"，只有一个混同的均衡价格。

第二,在价格 $P_1(t) > P_R$ 的情况下,且合同农户生产的蔬菜是安全的,则其利润如下:

$$\pi_5 = 10(P_1 - C_S)$$

由于合同农户生产的蔬菜是安全的,所以无论他们是否被政府检测到,都不影响他们的收益;另一方面,当他们的合同批发商被政府抽检到并发现问题,由于合同批发商可以找到具体生产不安全蔬菜的农户,所以无论合同批发商是否被政府抽检到,都不影响生产安全蔬菜的合同农户的收益。

第三,在价格 $P_1(t) < P_R$ 的情况下,且合同农户生产的蔬菜是不安全的,其利润如下:

$\pi_6 = 10(P_R - C_L)$,当合同农户与合同批发商都没被政府抽检到;或者当合同农户未被政府抽检到,合同批发商被抽检到,但未查出问题。

$\pi_7 = 10(P_R - C_L - F_1)$,当合同农户被政府检测到有问题,合同批发商未被抽检到;或者当合同农户被政府检测到有问题,合同批发商也被抽检到,但没有问题。

$\pi_8 = 10(P_R - C_L - F_3)$,当合同农户未被政府抽检到,但合同批发商被检测出有问题。

$\pi_9 = 10(P_R - C_L - F_1 - F_3)$,当合同农户和合同批发商都被政府检测到有问题。

第四,在价格 $P_1(t) < P_R$ 的情况下,且合同农户生产的蔬菜是安全的,其利润如下:

$$\pi_{10} = 10(P_R - C_S)$$

由于合同农户生产的蔬菜是安全的,所以无论他们是否被政府检测到,都不影响他们的收益;另一方面,当他们的合同批发商被政府抽检到并发现问题,由于合同批发商可以找到具体生产不安全蔬菜的农户,所以无论合同批发商是否被政府抽检到,都不影响生产安全蔬菜的合同农户的收益。

(4)转换决策。合同农户与非合同农户之间可以相互转换,当非合同农户发现合同农户的收益较高时,就可能学习模仿合同农户,转换为合同农户;当合同农户发现非合同农户的收益更高时,就可能脱离"公司+农户"转换为非合同农户。转换要考虑下面几个问题：

第一是转换的前提，必须在合同批发商存在的情况下才能考虑合同农户与非合同农户之间的转换。

第二是转换的条件，农户进行转换需要考虑转换前后不同类型农户的收益比较、转换成本和一些制度性因素（信任和道德等）等。这里转换的条件仅考虑收益比较①，取各自类型农户在前一期的平均收益进行比较。

第三是转换的阈值 G（即转换的门槛），假设两者平均收益的差距超过一定的范围才能够发生转换。

第四是转换率，每个农户每次都有一定的概率发生转换，转换身份后的农户随机分配给与之同类型的批发商。

第五是转换农户数量的限制，任意一个合同批发商最多只能同时容纳 15 个合同农户，至少也要拥有 5 个合同农户，如果超出该范围，仿真程序将结束；任意一个非合同批发商每次最多能同时采购 15 个非合同农户的蔬菜，至少也要 5 个非合同农户与之交易，如果超出该范围，仿真程序将结束。

另外，假设农户的身份（合同或非合同）一旦转换，则转换身份后的农户的 HONESTY 回到初始值，以前身份下的 HONESTY 值被遗忘而清空。其身份转换决策如下：

$$\bar{\varphi} = \sum_{i=1}^{n_1} \bar{\varphi}_i / n_1 \qquad \bar{\pi} = \sum_{i=1}^{m_1} \bar{\pi}_i / m_1$$

其中，n_1 为当时非合同农户的数量，m_1 为当时合同农户的数量，$n_1 + m_1 = 100$。

① 当合同农户的平均收益大于非合同农户的平均收益（$\bar{\varphi} < \bar{\pi}$）

---

① 关于转换成本，比如合同农户在"公司+农户"组织内，可以节约交易成本，降低交易的不确定性，减少市场价格带来的风险，享受公司提供的科技支持与服务等，这些将构成合同农户的转换成本，当然，非合同农户相对比较灵活和自由（不受批发商的约束）。这里，暂时不考虑转换成本，也不考虑制度性因素。

时，如果 $\lambda \xi(\bar{\pi} - \bar{\varphi})/\bar{\pi} + (1-\lambda)\rho > G$，则非合同农户向合同农户转换，并且，转换后的合同农户平均分配给合同批发商。其中，$\lambda \in (0, 1)$ 为权重，$\xi \in (0, 1)$ 为转换率，$\rho \in (0, 1)$ 为一个任意随机数，G 为由一类到另一类发生转换的阈值，这里具体指非合同农户向合同农户转换的阈值，表示抵御冲击的忍耐程度，它反映了转换的阻力（路径依赖）。

②当非合同农户的平均收益大于合同农户的平均收益（$\bar{\varphi} \geq \bar{\pi}$）时，如果 $\lambda \xi(\bar{\varphi} - \bar{\pi})/\bar{\varphi} + (1-\lambda)\rho > G$，则合同农户向非合同农户转换，并且转换后的非合同农户平均分配给非合同批发商。这里的 G 为合同农户向非合同农户转换的阈值。

G 值随着不同类型农户的前一期的平均收益的大小而发生变化，其更新决策类似于前面提到的诚信度的更新决策。对于非合同农户，当 $\bar{\varphi} \geq \bar{\pi}$ 时，G 值增大且按式（5-6）更新。当 $\bar{\varphi} < \bar{\pi}$ 时，G 值减小且按式（5-7）更新。对于合同农户，当 $\bar{\varphi} < \bar{\pi}$ 且未被其合同批发商罚款时，G 值增大且按式（5-6）更新；当 $\bar{\varphi} < \bar{\pi}$ 且被其合同批发商罚款时，G 值减小且按式（5-8）更新；当 $\bar{\varphi} \geq \bar{\pi}$ 且未被其合同批发商罚款时，G 值减小且按式（5-7）更新；当 $\bar{\varphi} \geq \bar{\pi}$ 且被其合同批发商罚款时，G 值减小且按式（5-9）更新。

$$G_{t+1} = (1 - S_1^+)G_t + S_1^+ \tag{5-6}$$

$$G_{t+1} = (1 - S_1^-)G_t \tag{5-7}$$

$$G_{t+1} = (1 - S_2^-)G_t \tag{5-8}$$

$$G_{t+1} = (1 - S_3^-)G_t \tag{5-9}$$

其中，$S_3^- > S_1^- > S_2^- > S_1^+$，$S_1^+$ 表示自己所属类型的农户的前一期的平均收益大于另一类型的，且未被与之交易的批发商罚款，这种情况是对自己的转换阈值更新的正面影响因子；S_1^- 表示自己所属类型的农户的前一期的平均收益小于另一类型的，且未被与之交易的批发商罚款，这种情况是对自己的转换阈值更新的负面影响因子；S_2^- 表示自己所属类型的农户的前一期的平均收益大于另一类型的，且被与之交易的批发商罚款，这种情况是对自己的转换阈值更新的负面影响因子，这里，考虑到批发商对合同农户进行罚款会严重损害农户与批发商之间的关系，所以认为罚款带来的负面影响高于因自己所属类型的农户的前一期的平均收益大而带来的正面影响；S_3^- 表示自己所属类型的农户的前一期的平均收益小于另一类型的，且被与之交易的批发商罚款，这种情况是对自己的转换阈值更新的负面影响因子，这种情况是两种负面影响的叠加。

5.4 批发商主体的设计与描述

5.4.1 批发商主体的属性

（1）批发商编号（N_2）。模型中每个批发商有唯一的编号，此属性用来唯一标示模型中的批发商主体。

（2）批发商身份（ID）。每个批发商都一个身份，即标记是合同批发商还是非合同批发商。

（3）批发商的农户列表。合同批发商的所有合同农户的列表。

（4）财富量（W_2）。每个批发商有一定的财富。

（5）转换阈值（Γ）。每个批发商从自己所属类型（合同或非合同）的批发商转换到另一类型批发商的转换门槛，即两者的平均利润之差大于某个值时才会发生转换。它也表示抵御冲击的忍耐程度。

5.4.2 批发商主体的行为

（1）突变。批发商当中有一小部分非合同批发商发生突变，进行组织创新，变异为合同批发商。① 这里取突变率（β）为10%（可变），即每次只有一个批发商突变，且不考虑合同批发商突变

---

① 突变（mutation）原意指：生物的遗传物质发生突然变化而引起的可遗传的性状变异，即遗传物质 DNA 或 RNA 的核苷酸序列发生稳定的、可遗传的改变。它是生物进化的源泉。后来，由经济学家将"突变"的概念引入研究组织或制度的演化和变迁。本研究引入突变来探讨供应链组织的演化。

为非合同批发商。同时，也不考虑合同批发商建立"公司+农户"组织的初始建立成本。突变规则如下：当仿真程序运行到任意某一期，非合同批发商中的某个批发商发生突变，转变为合同批发商，如果发生突变后的一段时间（这里取一年，每一期代表一个月，一年为12期）后，全部批发商中的合同批发商的数量仍然为0时，则突变继续进行；如果此时合同批发商的数量大于或等于1时，则突变中止。

(2) 销售蔬菜。批发商先采购蔬菜，然后出售蔬菜获取利润。批发商有两种采购方式：自由采购和固定采购。非合同批发商在市场上自由采购，即每一期每一个非合同批发商随机选10个农户配对交易；合同批发商则随机地与10个农户形成"公司+农户"组织，并与其合同农户进行固定交易。

批发商将其采购的蔬菜卖出（卖给零售商或下游客户）后所得收入减去采购成本（购进时的市场价格），如果有罚款，则扣除该部分，最终得到批发商的利润，其利润增加批发商的财富从而改变批发商财富量的属性。这里假设批发商与其供应链下游客户之间的交易市场都有一个统一的成交价格 P_2：

$$P_2(t) = P_1(1 + \delta) \tag{5-10}$$

其中，$\delta \in (0, 1)$，P_2 随着 P_1 波动而变动，且比 P_1 大一定的比例，可以理解为批发商的销售价格比农户的销售价格多一个固定的比例。

①非合同批发商的收益如下：

$v_1 = 100（P_2-P_1）$，当非合同批发商没被政府抽检到，或者被政府抽检到，却没有查出问题的时候；

$v_2 = 100（P_2-P_1-F_2）$，当非合同批发商被政府检测出其蔬菜有问题的时候。

②合同批发商在 $P_1(t) > P_R$ 时的收益如下：

$u_1 = 100（P_2-P_1）$，当合同批发商没被政府抽检到，或者被政府抽检到，却没有查出问题的时候；

$u_2 = 100（P_2-P_1-F_2）-C_1+10q F_3$，当合同批发商被政府检测出问题的时候。其中，$q$ 为被合同批发商查出生产不安全蔬菜的农户的数量。

③合同批发商在 $P_1(t)<P_R$ 时的收益如下：

$u_3=100(P_2-P_R)$，当合同批发商没被政府抽检到，或者被政府抽检到，却没有查出问题的时候；

$u_4=100(P_2-P_R-F_2)-C_I+10qF_3$，当合同批发商被政府检测出问题的时候。

（3）惩罚农户。当非合同批发商被政府检测出有问题时，由于是随机配对并且农户数目较多，每次交易批发商并不能记住与其交易的具体农户，非合同批发商并不能查到是哪些农户的蔬菜出了问题（非合同批发商可以对每个农户进行自己检测，但费用很贵且不现实），于是被检测出有问题的非合同批发商只能自己承担全部来自政府的罚款。当然，当政府的抽检率较低时，非合同批发商对农户并未采取任何措施，仍然采用机会主义行为，继续随机采购蔬菜，这种情况可能仍然是有利可图的，因为毕竟被检测出有问题的几率很低。此外，非合同批发商也可以等待突变的机会或发生转换。

对于合同批发商，当他被政府检测出其蔬菜有问题，他将接受政府的罚款，同时，他能查到哪些农户生产了不安全的蔬菜。这是因为：合同批发商与合同农户之间已经建立了固定的交易关系，互相比较了解；由于生活在一个社区里，合同农户之间也比较熟悉，生产安全蔬菜的合同农户无论出于自身利益或是与合同批发商之间的信任，还是出于担心对集体惩罚的威胁，他都会揭发那些生产不安全蔬菜的合同农户。这里，考虑合同批发商通过各种手段可以查到那些生产不安全蔬菜的合同农户，但有一定的调查成本（C_I）。当合同批发商查出生产不安全蔬菜的农户后对其进行罚款，假设对其合同农户当期实施每单位蔬菜 F_3 的罚款。对生产不安全蔬菜的农户的惩罚除了迅速增加生产不安全蔬菜的农户的 HONESTY，同时也影响到同一合同批发商下其他合同农户的 HONESTY。

（4）转化决策。合同批发商与非合同批发商之间可以相互转换，当非合同批发商发现合同批发商的收益较高时，就可能模仿学习合同批发商，自己也转换为合同批发商；当合同批发商发现非合同批发商的收益更高时，就可能解散"公司+农户"而转换回原来的非合同批发商。转换要考虑下面几个问题：

第一是转换的前提，必须在合同批发商和非合同批发商同时存在的情况下才能考虑他们之间的转换。

第二是转换的条件,批发商进行转换可能会取决转换前后不同类型批发商的收益比较、转换成本和一些制度性因素等。这里主要考虑收益的比较,取各自类型批发商在前一期的平均收益进行比较。

第三是转变的阈值,此处假设两者平均收益的差距超过一定的范围才能够发生可以转换。

第四是转化率,每个批发商每次都有一定的概率发生转换。转换公式如下:

$$\bar{u} = \sum_{i=1}^{n_2} u_i / n_2 \qquad \bar{v} = \sum_{i=1}^{m_2} v_i / m_2$$

其中,n_2 为当时合同批发商的数量,m_2 为当时非合同批发商的数量,$n_2 + m_2 = 10$。

①当合同批发商的平均收益大于非合同批发商的平均收益($\bar{u} \geq \bar{v}$)时,如果 $\lambda \tau (\bar{u} - \bar{v}) / \bar{u} + (1 + \lambda) \rho > \Gamma$,则非合同农户向合同农户转换。其中,$\lambda \in (0, 1)$ 为权重,$\tau \in (0, 1)$ 为转换率,$\rho \in (0, 1)$ 为一个任意随机数,Γ 为由一类到另一类发生转换的阈值,这里具体指非合同批发商向合同批发商转换的阈值。

②当非合同批发商的平均收益大于合同批发商的平均收益($\bar{u} < \bar{v}$)时,如果 $\lambda \tau (\bar{v} - \bar{u}) / \bar{v} + (1 - \lambda) \rho > \Gamma$,则合同批发商向非合同批发商转换。这里的 Γ 为合同农户向非合同农户转换的阈值。

Γ 值随着不同类型批发商的前一期的平均收益的大小而发生变化,其更新决策与前面提到的农户转换 G 值更新决策相同。对于合同批发商,当 $\bar{u} \geq \bar{v}$ 时,Γ 值增大且按式(5-11)更新;当 $\bar{u} < \bar{v}$ 时,Γ 值减小且按式(5-12)更新。①

---

① 合同批发商可以找到具体生产不安全蔬菜的农户,因而将部分损失(政府罚款)由生产不安全蔬菜的农户承担。基于此考虑,笔者认为:无论合同批发商是否被政府检测出问题而罚款,都不影响其转换的阈值更新,他们是否转换主要比较平均收益的大小。因而,本小节下文提到的"未被政府罚款",对非合同批发商指的是没被检测出问题;对合同批发商有两种情况,未被检出问题,或者虽被检出问题,但政府罚款部分由生产不安全蔬菜的农户承担。

对于非合同批发商，当 $\bar{u} < \bar{v}$ 且未被政府罚款时，Γ 值增大且按式（5-11）更新；当 $\bar{u} < \bar{v}$ 且被政府罚款时，Γ 值增大且按式（5-13）更新；当 $\bar{u} \geq \bar{v}$ 且未被政府罚款时，Γ 值减小且按式（5-12）更新；当 $\bar{u} \geq \bar{v}$ 且被政府罚款时，Γ 值减小且按式（5-14）更新。

$$\Gamma_{t+1} = (1 - \gamma_1^+)\Gamma_t + \gamma_1^+ \qquad (5\text{-}11)$$

$$\Gamma_{t+1} = (1 - \gamma_1^-)\Gamma_t \qquad (5\text{-}12)$$

$$\Gamma_{t+1} = (1 - \gamma_2^+)\Gamma_t + \gamma_2^+ \qquad (5\text{-}13)$$

$$\Gamma_{t+1} = (1 - \gamma_2^-)\Gamma_t \qquad (5\text{-}14)$$

其中，$\gamma_2^- > \gamma_1^- > \gamma_1^+ > \gamma_2^+$，$\gamma_1^+$ 表示自己所属类型的批发商的前一期的平均收益大于另一类型的，且未被政府罚款，这种情况是对自己的转换阈值更新的正面影响因子；γ_1^- 表示自己所属类型的批发商的前一期的平均收益小于另一类型的，且未被政府罚款，这种情况是对自己的转换阈值更新的负面影响因子；γ_2^+ 表示自己所属类型的批发商的前一期的平均收益大于另一类型的，且被政府罚款（却找不到具体生产不安全蔬菜的农户），这种情况是对自己的转换阈值更新的正面影响因子，这里考虑到政府对非合同批发商进行罚款而受罚批发商无法找到具体生产不安全蔬菜的农户，因此政府的罚款将减小受罚批发商的转换阈值。这里笔者认为因自己所属类型的批发商的前一期的平均收益大而带来的正面影响高于罚款带来的负面影响；γ_2^- 表示自己所属类型的批发商（指的非合同批发商）的前一期的平均收益小于另一类型（合同批发商）的，且被政府罚款（却找不到具体生产不安全蔬菜的农户），这种情况是对自己的转换阈值更新的负面影响因子，是两种负面影响的叠加。

5.5 政府主体的设计与描述

5.5.1 政府主体的属性

（1）政府部门列表，是政府各个监管部门的列表。

(2) 对农户的抽检频率（θ_1）。政府在生产基地对农户按一定频率进行随机的抽检，$\theta_1 \in [0, 100]$。

(3) 对批发商的抽检频率（θ_2）。政府对批发商按一定频率进行随机的抽检，$\theta_2 \in [0, 10]$。

(4) 对批发商的蔬菜的检测数量（α）。政府随机抽检到某个批发商，并从其蔬菜中抽取一定数量单位进行检测，$\alpha \in [0, 100]$。

(5) 目标（即合格率η）。政府有个目标就是合格率要达到一个标准，合格率表示如下：

$$\eta = g / N$$

η为合格率，g为安全蔬菜的单位数，N为蔬菜总数（假设当目标合格率η^*为90%，而蔬菜总数为1000个，即只要有900个以上的蔬菜是安全的就可以认为达到目标）。由于安全属于信用品属性，消费者无法识别，但当信用品中有一定比例转化为经验品时，不安全信息就可以被消费者识别，进而被政府得知（假设转化率为10%，即当1000个消费者中有100个消费者消费了不安全蔬菜后，而这100个消费者中有10个消费者出现中毒事件。政府的目标就是将中毒事件控制在10件以下）。这个属性根据所设的情景而定，可以考虑也可以不考虑。

(6) 约束条件（x）：政府还有预算约束，即检测费用的限制。这里，假设每期交易中，政府的费用只够检测x次，检测农户x_1次，检测批发商x_2次，检测农户与检测批发商的费用是一样，且$x \geq x_1 + x_2$。这个属性根据所设的情景而定，可以考虑也可以不考虑。

5.5.2 政府主体的行为

(1) 检测。政府的不同检测部门分别对农户和批发商进行随机抽检。

(2) 罚款。政府对抽检出有问题的农户和批发商进行处罚，罚款额分别为F_1和F_2。

(3) 目标的调整和监管力度的调整：政府的目标可以调整，

随着时间而变化，随着消费者的反馈而变化。如果目标固定而当政府的目标未达到时，就对检测率和罚款额度分别进行调整。每期交易后就比较合格率与目标合格率，当 $\eta < \eta^*$ 时，就逐步加大检测频率，每次只增加1次抽检，直至达到目标。对于罚款额度，只做微调。而且，政府对农户和批发商的罚款不计入政府的收入。

5.6 模型参数和变量的说明

上述蔬菜供应链的仿真模型涉及很多参数和变量，这些参数和变量的设定是以笔者的实地调研为基础，并参考了其他相关文献中的调查数据。下面先对模型中出现的参数和变量进行归类和整理（见表5-1），然后对其中的一些参数和变量进行说明。

表5-1　　　　　仿真中参数和变量的特征

参数／变量	取值范围／类型	取值
农户数量 N_1	整型	100
批发商数量 N_2	整型	10
每个农户每期生产蔬菜的数量	整型	10
诚信度初值 $HONESTY_0$	(0, 1)	0.3
min IMAL _ HONESTY	(0, 1)	0.1
d^+	(0, 1)	0.2
d^-	(0, 1)	0.3
生产不安全蔬菜的成本 C_L	(0, +∞)	1.0
生产安全蔬菜的成本 C_S	(0, +∞)	1.1
批发商的调查成本 C_I	(0, +∞)	0.2
市场价格 P_1	[0.95, 1.55]	—
市场价格 P_2	[1.45, 2.05]	—
保底价格 P_R	(0, +∞)	1.15

续表

参数／变量	取值范围／类型	取值
μ 均值	$(0, +\infty)$	0.2
σ^2 方差	$(0, +\infty)$	0.3
δ	$(0, 1)$	0.3
罚款 F_1	$(0, +\infty)$	0.2
罚款 F_2	$(0, +\infty)$	0.3
罚款 F_3	$(0, +\infty)$	0.2
对农户的抽检频率 θ_1	整型	5
对批发商抽检频率 θ_2	整型	2
对蔬菜的抽检频率 α	整型	2
农户的财富量 W_1	$(0, +\infty)$	10
批发商财富量 W_2	$(0, +\infty)$	50
安全蔬菜的数量 g	整型	---
合同批发商的突变率 β	$(0, 1)$	0.1
批发商的转换率 τ	$(0, 1)$	0.1
农户的转换率 ξ	$(0, 1)$	0.1

（1）模型中笔者设定批发商的数量为 10 个，农户的数量为 100 个，主要是考虑到我国蔬菜产业的现状：蔬菜供应链的上端聚集了大量规模小且分散的蔬菜种植者（农户），由于远离市场而且对市场信息缺乏了解，只能通过中间商（批发商）来销售，而批发商的数量相对较少。

（2）由于生产安全与不安全的蔬菜在农药、化肥、农田设施和劳动用工等诸多投入方面存在差异，从而导致其生产成本有较大差异，当然，因不同的蔬菜品种而异。总体而言，生产安全蔬菜的成本要比生产不安全蔬菜的成本高出 10% 左右（依据笔者所调查的数据,以及杨万江和张利国等人所做的相关研究)。① 因此,设生产成本为:$C_L = 1.0$, $C_S = 1.1$,另外,本书不考虑生产成本的变动,假设成本保持不变。

(3) 对于政府的抽检率和罚款力度,随不同的情况和目标可以调整,但考虑到现实情况中政府的财力物力人力、执行成本和农户与批发商的承受能力等因素,所以,抽检率和罚款额度都不会太大,有一个调整范围;对于合同批发商对其合同农户进行罚款的情况类似。

(4) 诚信度固然与作为行为主体的个人的社会心理反应以及心理特征相关,但作为客体的社会环境(制度),不仅直接影响甚至是在很大程度上决定着行为主体的诚信状态,同时,它也是行为主体之间社会互动的产物。由于地理位置和文化等诸多因素的差异都会导致诚信存在差异,因此,考虑到中国整体诚信度较低的现实,笔者将诚信度的初值($HONESTY_0$)设为0.3。

(5) 农户和批发商在初始赋予一定的财富,且数目相对较大,主要是保证仿真程序能按要求完成一定数目的运行周期,在交易过程中有足够的钱维持交易的进行和支付政府(或批发商)的罚款。

---

① 具体数据参见杨万江等. 我国长江三角洲地区无公害农产品的经济效益分析. 中国农村经济, 2004 (4). 张利国. 等. 无公害蔬菜生产经济效益分析——基于江苏省的调查. 安徽农业科学, 2006 (24).

6 仿真系统的实现与仿真结果分析

用基于主体建模方法建立了一个蔬菜供应链的模型之后,就需要用计算机程序将其实现,组建一个蔬菜供应链的仿真系统,然后,以该仿真系统为实验平台,根据所设定不同的情景,进行仿真实验,并对仿真的结果进行分析和比较。本章将先对实现仿真系统的工具与平台进行简单的介绍,接着,对笔者所建立的蔬菜供应链仿真系统进行说明,最后是对一系列的仿真实验和仿真结果进行描述、分析与讨论。

6.1 仿真系统的实现与说明

6.1.1 仿真系统实现的工具与平台

目前,国外的一些研究机构开发了支持多主体建模仿真的软件工具或平台,如美国桑塔菲研究所(Santa Fe Institute, SFI)开发的 Swarm 平台,美国芝加哥大学的社会科学计算研究中心开发研制的 Repast,美国布鲁金斯研究所(The Brookings Institution)的社会与经济动态性研究中心开发的 Ascape,美国麻省理工学院(MIT)媒体实验室的 StartLogo,丹麦奥尔堡大学商业研究系的 Lsd (Laboratory for Simulation Development),俄罗斯 XJ Technologies 公司研发的 AnyLogic,以及美国 Sandia 国家实验室的 Aspen 项目等。下面对应用比较广泛的 Swarm、Repast 和 AnyLogic 仿真平台进行简单的介绍。①。

（1）Swarm 是美国桑塔菲研究所于 1995 年开发完成的用于多主体（Agent）模拟复杂系统的软件平台，是基于 Objective C 和 X Windows 开发的一种 GNU 软件②，可以运行在 Solaris、Linux、Windows 95/NT 等多种操作系统平台之上，是当前在仿真研究中应用得相当普遍的一个软件。目前，其最新版本为 2.2 版③。该系统是一个用于仿真研究的开放式平台，其建模思想就是让一系列独立的主体（Agent）通过独立事件进行交互，帮助研究多个个体组成的复杂适应系统的行为。通过这些类库，包括许多可重用的类以支持模拟实验的分析、显示和控制，即用户可以使用其提供的类库构建模拟系统使系统中的主体和元素通过离散事件进行交互。由于 Swarm 没有对模型和模型要素之间的交互作任何约束，所以 Swarm 可以模拟任何物理系统、经济系统或社会系统。

（2）Repast（Recursive Porous Agent Simulation Toolkit）是由美国芝加哥大学的社会科学计算研究中心与 Argonne 国家实验室的研究人员共同开发的一种特别为社会科学应用而设计的基于主体的仿真工具。Repast 的设计思想是：建立一个像状态机的模拟模型，这种核心状态由它所有的成员的集体性的状态属性组成。这些成员可以被划分为底层结构和表层结构。底层结构是各种各样的模拟基本运行软件块、显示和收集数据软件块。而表层结构是那些模拟模型设计者创立的模拟模型。最新版本的 Repast 支持用各种语言开发

---

① 相关仿真平台和软件的详细介绍请参见附录 4。
② GNU 是 "GNU's Not Unix" 的递归缩写，1983 年，理察·马修·斯托曼（Richard Stallman）创立了 GNU 计划（GNU Project）。这个计划有一个目标是为了发展一个完全免费自由的 Unix-like 操作系统。
③ Swarm 是使用 Objective C 语言开发的，在早期的版本中编写 Swarm 的应用程序也使用 Objective C，从 Swarm 2.0 版开始提供了对 Java 语言的支持，将来可能支持 JavaScript、C++、python 和 Perl 等语言。详细信息可以从 http：//www.swarm.org 获取。

模型（如 Java、C++以及 Visual Basic 等），并可以在不同的操作系统下运行，如 Windows、Mac OS 以及 Linux 等。①

（3）AnyLogic 是俄罗斯的 XJ Technologies 公司推出的一套复杂系统的混合模拟建模软件，这套模拟工具是基于过去十多年内建模科学和信息技术中出现的最新进展而创建的。AnyLogic 的建模技术是完全建立在 UML-RT、Java 和微积分理论基础之上的，适用于离散模拟、连续模拟、离散-连续混合模拟，以及基于 Agent 的模拟，其友好的开发环境以及"拖放式建模"方式，使得 AnyLogic 有着广泛的应用，其具体应用领域包括：商业、供应链、物流业、交通、人力资源、制造业、消费者的行为和教育等。

鉴于 Swarm 和 Repast 等仿真平台都可以扩展或支持 C++这样的语言，而且，现有的平台和工具中没有提供本研究可以直接套用和借鉴的现成的模型或实例，因此，为了更加灵活和自由地实现所研究的蔬菜供应链仿真模型，便于更好地研究蔬菜质量安全问题及其治理机制，笔者选择 C++语言和相应的开发工具 C++ Builder 来建立仿真系统。C++是一种使用非常广泛的计算机编程语言；它是一种静态数据类型检查的，支持多重编程范式的通用程序设计语言；它支持过程程序设计、数据抽象、面向对象程序设计、泛型程序设计等多种程序设计风格。它能够很好地实现笔者所建立的仿真模型。

6.1.2 仿真试验的环境

仿真试验环境的硬件配置和软件配置的情况如表 6-1 所列。

---

① Repast 软件以及安装和使用的详细信息可以从 Repast 的网站 http://www.repast.sourceforge.net 找到，关于 Repast 的学习指导则可以从美国爱荷华州立大学的 Leigh Tesfation 教授所提供的网站 http://www.econ.iastate.edu/tesfatsi/repastsg.htm 获得。

表 6-1 试验环境

项 目	配 置
CPU	1.6GHz
内存	512M
操作系统	Microsoft Windows XP
编程语言	C++
IDE 开发环境	C++ Builder
数据库系统	SQL Server 2000
数据分析工具	Excel

其中，中央处理器 CPU 处理器的频率要求 1.6GHz 以上，内存要求 512M 以上；操作系统使用 Windows 2000 版本以上或 Windows XP；IDE（Integrated Development Environment）集成开发环境为 C++ Builder 6.0 版本以上[1]；数据库管理系统为 SQL Server 2000 版本以上[2]；数据处理分析工具用的是微软公司出品的 Office 系列办公软件中的一个组件 Excel 电子表格软件。

6.1.3 仿真的总框架

蔬菜供应链模型仿真的总框架可以通过下面的流程图（图 6-1）所示。仿真的第一步为仿真初始化，即全局变量或参数的初

---

[1] 集成开发环境（Integrated Development Environment，IDE），也叫做集成开发环境和集成调试环境，是一类帮助程序员来发展软件的计算机软件。C++ Builder 是 Borland 公司 1998 年推出的全新 32 位 Windows 开发工具。C++ Builder 不仅继承了 Delphi 使用简便，功能强大，效率高等特点，而且它还结合了 C++语言的所有优点。它是一个 Windows 环境下基于 C++语言进行快速程序开发的集成开发环境，提供了一个强大的可视化控件库，能够使用 C++语言方便、快速、高效地进行 Windows 应用程序开发，尤其是开发界面、数据库等 Windows 应用程序更加快速、高效。

[2] SQL Server 为微软公司推出的一个数据库软件，SQL 即 Structured Query Language（结构化查询语言），Server 即服务器。

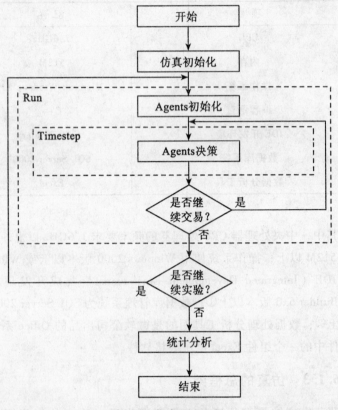

图 6-1 仿真的流程图

始化，如仿真结束条件等；接着是对各类主体进行初始化，即按照初始数据来产生各类主体对象的实例；接下来是各类主体进行决策，即各类主体根据自己的不同规则进行决策，如生产、交易、转换和抽检等；当一次完整的交易结束后，需要根据条件判断是否继续交易；当一次完整的实验结束后，需要根据结束条件判断是否继续实验；最后就是统计分析和仿真结束。其中，Timestep 为时间步长，这里表示两次完整交易之间的时间间隔，而一次完整交易指的是从农户生产蔬菜到将其卖给批发商，再到批发商将蔬菜卖出，其中包括政府的抽检、罚款以及合同与非合同之间的转换。这里的一个时间步长可以代表现实中的一周、一个月或一年等。其中的一个 Run 表示一次完整的实验，它由若干个时间步长组成，为了使实验的结果更加稳定和准确，一般会重复进行多次完整的实验，即运行若干个 Run。因此，一个完整的仿真实验应该是将一个运行若干期的实验重复若干次，一个期或周期就是一个步长，而一个 Run 就是一次实验。

6.1.4 仿真系统的说明

通过 C++ Builder 和 SQL，用 C++语言实现蔬菜供应链模型，建立蔬菜供应链仿真系统。下面将对该仿真系统及运行过程作简单的介绍。当运行仿真程序后，进入仿真系统的界面，如图 6-2 所示。

图 6-2　仿真系统的界面图

点击仿真系统界面中工具栏的"交易管理"窗口，选择下拉菜单中的"开始交易"，将进入交易界面，如图 6-3 所示。

输入部分参数和变量的值后，点击"开始"按钮，就开始交易了，并生成数据。图 6-4 为第 26 次交易结束第 27 次交易开始的情况。

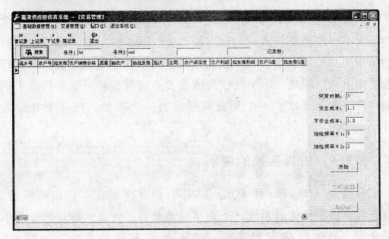

图 6-3　仿真系统中交易管理的界面图

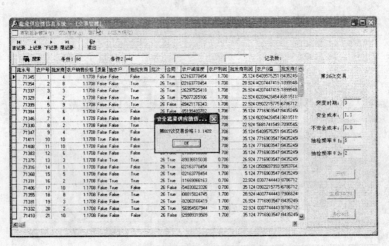

图 6-4　仿真系统中交易的界面图

当交易结束后，所有数据都存储在 SQL 数据库中，可以通过查看数据库来获取相关数据，如图 6-5 所示；也可以点击交易管理界面中的"生产 Excel"按钮，即将所有数据自动存储在一个 Excel 文件中。这样，就可以对数据进行统计和分析了。

6 仿真系统的实现与仿真结果分析

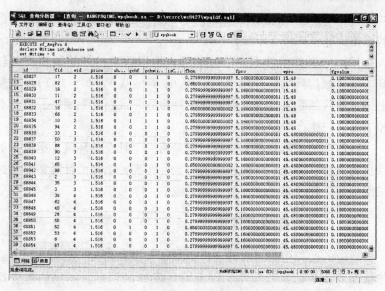

图 6-5 仿真系统中生产数据的界面图

6.2 仿真结果分析

下面通过改变仿真的参数和变量，对不同情景下的仿真结果和数据进行分析比较，识别不同参数或变量之间的关系，以及它们对仿真系统的影响。

6.2.1 农户的诚信度

农户诚信度的初值以及更新参数 d^- 与 d^+ 直接影响农户的诚信度，从而影响农户的生产决策，最终影响蔬菜质量安全的水平。下面将分析农户的诚信度及相关参数对系统的影响。

（1）在其他条件不变的情况下，取 $HONESTY_0 = 0.3$，$d^- = 0.3$，$d^+ = 0.1$，$\theta_1 = 5$，$\theta_2 = 2$ 时，运行仿真系统 120 期，重复实验 20 次，得到相同的结果，即当系统结束时，没有一个农户愿意生产安全的蔬菜。逐渐加大抽检频率或罚款额度，仍然没有农户生产安全蔬菜，直到当抽检频率或罚款额度高到一定程度（如 $\theta_1 = $

20，$\theta_2 = 5$），才开始有农户生产安全蔬菜，但数量较少。这是农户的诚信度较低的情况下生产的结果。

（2）在其他条件不变的情况下，选取较高的初始诚信度和较好的社会诚信环境（$HONESTY_0 = 0.6$，$d^- = 0.5$，$d^+ = 0.1$），重复上述实验，结果发现即使在较低的抽检频率或罚款额度下，仍然有相当的农户生产安全蔬菜。

诚信度的初值和相关参数，都是由一个社会的环境决定的；如社会的道德、文化、传统和惯例等。一个高诚信度的社会需要通过长期的演化和积累才有可能慢慢形成。

6.2.2 政府的监管力度

政府的监管包括政府对农户的抽检频率和罚款、政府对批发商与批发商蔬菜的抽检频率，以及对批发商的罚款。不同的监管措施、监管措施组合、监管力度以及监管方式或体制都会产生不同的效果。下面将分析政府的监管及相关参数对系统的影响。考虑到我国的现实情况，这里取 $HONESTY_0 = 0.3$，$d^- = 0.35$，$d^+ = 0.1$。

（1）在相同条件下①，分析政府对农户的抽检频率 θ_1 与生产安全蔬菜的农户的数量 y 之间的关系，如图 6-6 所示。政府对农户的抽检频率分别为：5、10、15 和 20 时，生产安全蔬菜的农户数相应为：0、2、10 和 24，即当抽检率分别为 5%、10%、15% 和 20% 时，相应的蔬菜合格率为 0、2%、10% 和 24%。通过仿真可以得出：当社会诚信度较低，且政府的抽检率较低时，对农户的机会主义行为没有威慑；加大抽检率，对蔬菜合格率有所提高，但效果不明显。因此，单方面大幅度提高抽检率，对于资金和资源受限的政府而言，不仅增加了成本，而且由于难以操作，所以不是一项

---

① 这里及下文中的"相同条件"指的是：在仿真实验时，除所研究的变量或参数外，其他参数或变量保持固定不变，观察所研究的变量或参数之间的关系；此外，为了更具科学性，减小误差，一般将某个实验重复做 20 次，每次实验运行 120 期或满足结束条件而终止实验。一期可以看作现实中的一个月，120 期就是 10 年，笔者一般通过仿真实验运行 10 年，观察相关主体或变量的变化过程。

有效的措施。

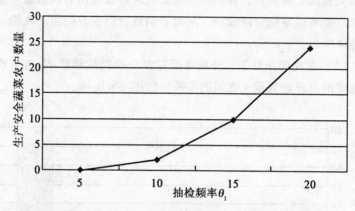

图 6-6　政府对农户的抽检频率对蔬菜安全的影响

（2）在相同条件下，分析政府对批发商的抽检频率 θ_2 与生产安全蔬菜的农户的数量 y 之间的关系，如图 6-7 所示。当政府对批

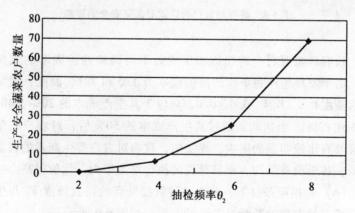

图 6-7　政府对批发商的抽检频率对蔬菜安全的影响

发商的抽检率较低时，对蔬菜合格率没有影响，随着抽检率提高到一定程度，由于合同批发商能查到生产不安全蔬菜的具体农户，并对其实施惩罚，因而合同批发商相对有优势，进而吸引更多的非合

同批发商向合同批发商转换，同时，由于合同批发商和合同农户之间的关系固定和密切，合同批发商将政府的监管压力和信息可以快速和有效地传导给合同农户，从而影响该合同农户的生产决策，提高合格率。

（3）在相同条件下，分析政府对农户的罚款额度 F_1 与生产安全蔬菜的农户的数量 y 之间的关系，如图6-8所示。

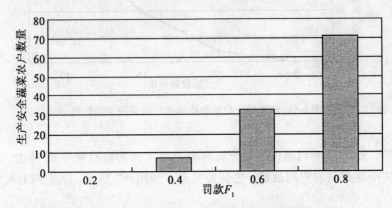

图6-8 政府对农户的罚款对蔬菜安全的影响

政府调整对农户的罚款额度的效果与调整抽检频率的效果类似。由于农户生产每单位产品的成本为1.0和1.1，因此，政府的罚款额度0.2、0.4、0.6、0.8，对应于其生产成本的20%、40%、60%和80%。当罚款额超过其生产成本的50%后，对农户的生产决策就有比较明显的影响。现实中，政府对农户等生产者的罚款非常低，甚至没有惩罚，而且惩罚的执行难度很大，代价很高。

（4）在相同条件下，分析政府对批发商的罚款额度 F_2 与生产安全蔬菜的农户的数量 y 之间的关系，如图6-9所示。

6.2.3 供应链的组织演化

蔬菜供应链的结构变化，这里就是指"公司+农户"的合同模式与自由采购模式之间的转化，它们分别对应于两种供应链的组织模式。具体而言，转化包括合同农户与非合同农户之间的转化，以

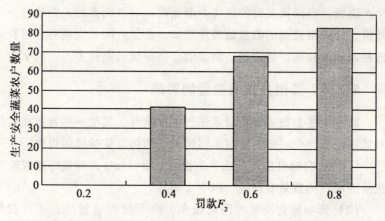

图 6-9 政府对农户的罚款对蔬菜安全的影响

及合同批发商与非合同批发商之间的转化。下面将分析在相同条件下合同批发商的数量与政府对批发商抽检频率 θ_2 之间的关系,如图 6-10 所示。当政府对批发商的抽检率较低时,合同批发商相对

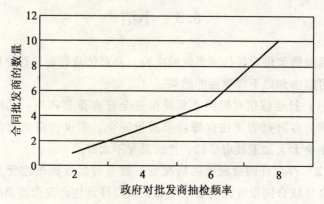

图 6-10 政府对批发商的抽检频率与合同批发商的数量关系

非合同批发商没有优势或优势较小,没有达到他们之间的转换门槛,因此,合同批发商的数量一直没有增加;当抽检频率逐渐加大,合同批发商可以查到生产不安全蔬菜的合同农户从而减轻损失,而非合同批发商只能自己承担政府的罚款,且无法影响农户的

生产决策，合同批发商的优势渐渐显现，一旦两者的差距超过一个限值，合同批发商的数量就慢慢增加。由于合同批发商对合同农户的控制能力较强，相应地，蔬菜的合格率也会高得多。

6.2.4 其他参数或变量的影响

除了上述参数或变量对系统产生影响外，其他一些参数或变量对系统也会产生影响。通过不同情景下的仿真实验可以得出：

（1）政府对批发商的蔬菜的检测数量（α），对最终生成安全蔬菜的农户的数量有影响，但不太明显。

（2）影响转化决策的因素很多，除了政府监管外，还有农户的转化率和转换门槛，批发商的转换率和门槛，以及权重等参数都对农户和批发商的转换决策产生不同的作用。

（3）对于影响农户或批发商的利润和平均利润，除了政府的抽检频率和罚款额度外，还有市场价格和保护价，生产成本，以及批发商的调查成本等参数都会对其产生影响。

6.3 小结

通过蔬菜供应链仿真系统的实验，并对仿真数据进行分析和比较，可以得到以下规律性的结果：

（1）社会诚信对提高蔬菜质量安全有着重要作用。低诚信度和较弱的政府监管无法保障蔬菜质量安全，而仅仅靠加大监管力度，则会大大加重政府负担，且效果并不太好。

（2）存在合同批发商的情况下，政府对批发商的监管力度加大，会导致合同批发商的数量增加，从而导致生产安全蔬菜的农户的数量增加，因此，从长期来看，相同条件下，政府对批发商进行监管的效果要优于对农户的监管。

（3）政府的监管力度加大到一定程度，会对供应链的组织结构产生影响，促使非合同农户和批发商向合同农户和批发商的转化，从而影响到整个蔬菜质量安全的水平。

此外，除了上述情景下的仿真实验，还可以设计其他的仿真情景来研究相关变量或参数之间的关系，研究相关主体的行为变化。例如：

实验一，政府的目标和监管力度都不固定，但有一个固定的预算约束（即检测费用固定），通过不同方式组合，经过若干期的运行后，比较哪种组合方式更好更优（相同费用下安全水平更高，或相同合格率下的费用较少；这里可能会考虑不同监管部门之间的协调问题）。

实验二，政府有个固定的目标，而监管力度不固定，且没有预算约束，通过不同方式组合，经过若干期的运行后，比较哪种组合方式更好更优，在都达到目标的情况下，检测费用最节约。

实验三，政府的目标不固定，通过不断调整监管力度，观察"公司+农户"组织形式能长期稳定存在的条件。

实验四，通过调整突变规则（有无突变或突变的比例等），观察对安全水平或监管力度和费用的影响。

7 供应链对蔬菜质量安全的影响及其机制的案例研究

案例研究，亦称个案研究或案例分析，从研究范式来说，它也属于一种实证研究方法。这一方法已经成为当代人文社会科学中的一种重要而常用的研究方法，并且越来越受到重视和欢迎。案例研究是对某种现实环境中的现象进行考察的一种经验性的研究方法，它通常可以分为三类：探索性（Exploratory）、描述性（Descriptive）和因果性（Causal）案例研究（Yin，1994）。其中，探索性案例研究是指当研究者对个案特性、问题性质、研究假设以及研究工具不是很了解时所进行的初步研究，以提供正式研究的基础；描述性案例研究是指研究者对研究问题已经有了初步认识，而对案例所进行的更仔细的描述与说明，以提升对其研究问题的了解；因果性案例研究则旨在观察现象中的因果关系，以了解不同现象或事物之间的确切函数关系。①

本书运用案例研究方法对前述理论分析、实地调研和计算机仿真所得到的部分研究结果和研究假设进行验证，并深入弄清现实中供应链及其相关主体对蔬菜质量安全的作用机制，以及对质量安全控制的影响。

7.1 案例介绍与研究

笔者将在众多的调查案例中，根据前面所进行的蔬菜供应链的

---

① 有关案例研究方法的详细论述可以参见罗伯特·K. 殷. 案例研究设计与方法. 重庆：重庆大学出版社，2004.

组织模式的分类，分别对"批发商+农户"为主导的组织模式、"公司+农户"为主导的组织模式和出口为主导的组织模式三种主要蔬菜供应链的组织模式，每种组织模式选取一个典型的案例作详细的介绍和分析。

7.1.1 湖北省嘉鱼县潘家湾蔬菜生产基地

湖北省嘉鱼县潘家湾蔬菜生产基地的蔬菜供应是一种典型的"批发商+农户"为主导的供应链组织模式。

（1）基地简介。嘉鱼县是湖北省最大的无公害蔬菜生产基地之一，也是全国无公害蔬菜生产基地。2008年3月被确定为国家级食品安全示范县创建单位，蔬菜种植面积达2.7万hm^2，其中潘家湾镇是嘉鱼县蔬菜主产区，拥有蔬菜专业村12个，菜农6500多户，全镇拥有蔬菜生产基地面积4260hm^2，占耕地总面积的73%，复种面积达1.3万hm^2，年产蔬菜40万吨，产值8 043万元，税收435万元，利润4 995万元。蔬菜已经成为该镇经济的支柱产业。蔬菜种类分大路菜、精细菜、野生菜、水生菜等四个系列120多个品种，注册的"联乐"牌无公害蔬菜行销全国20多个省市，并出口到韩国和俄罗斯等国家。蔬菜每年为农民提供人均纯收入达2000元以上。2004年11月，甘蓝、南瓜、冬瓜、大白菜等10个品种获国家绿色食品认证。潘家湾的蔬菜产业已由以前的名不见经传，逐渐发展为现在的鄂南蔬菜大镇。

（2）组织模式。潘家湾蔬菜生产基地的蔬菜在当地蔬菜营销协会和运销户的协助下，进入批发市场，再经过零售商最终到达消费者。在这一过程中，农户与批发商就这样被连接起来。这种"批发商+农户"模式就是目前主流的蔬菜供应链的组织模式。这种供应链中，批发商和农户没有固定的供求关系，运销户（运销商）没有自己固定的合同农户，完全依靠自己在当地的口碑和开拓市场的能力，联系外地客商和当地农户，其中的营销协会主要是为批发商与农户之间牵线搭桥，提供信息和服务。2000年6月，在当地政府的组织下，本着"自愿入会、择优录用"的原则，网罗了75名群众口碑好、销售量大、销售收入高的销菜大户,发展成为会员,成立了蔬菜营销协会。协会现有个人会员215人,单位会员33个（其中蔬菜营销信息部29个、加工企业3家、加工示范基地1个），涉及农户6 450户。协会的职能一方面是为蔬菜生产提供全程服务,即产前的信息服务、产中的技术服务、产后的销售服务,另一方面是为外来商贩提供政策保障服务。

（3）质量控制。镇政府在当地蔬菜生产基地的形成过程中起到了决定性的作用。历史上,该地区是粮棉油产区。改革开放后,种植蔬菜的经济效益逐渐增加,镇政府通过示范、引导甚至强制手段,实施产业结构调整,发展蔬菜种植。如今,当地对蔬菜质量安全的控制仍以政府监管为主,主要是宣传和控制农资市场。但是,由于农户能够在其周边地区购买到农药,所以,控制农资市场似乎不是有效的方式。① 政府声称蔬菜检测部门每年都要抽查公告严禁使用的高毒高残农药,并开通了举报电话,对查出的违规农资经营者和农户实施严厉打击。对此,笔者并没有在农户那里得到证实,看来抽查似乎也是非常少的偶尔行为。笔者认为,用药行为基本上是由农户的经验和相互模仿机制自发控制。随着市场要求的进一步提高和当地蔬菜品牌的逐步建立,农户增强了品牌意识,也可能会自觉地控制自己的用药行为。这种供应链的模式中的批发商与农户的经济关系缺乏长期性和稳定性,导致在蔬菜质量安全控制方面没有很强的约束力。

7.1.2 深圳嘉农现代农业发展有限公司

广东省深圳嘉农现代发展有限公司的蔬菜供应是采用的"公司+农户"为主导的供应链组织模式。

（1）公司简介。深圳嘉农现代农业发展有限公司成立于20世纪90年代初期,主要经营西红柿、西葫芦、豆角等蔬菜产品,

---

① 嘉鱼县潘家湾蔬菜生产基地的农户可以到其他周边非蔬菜生产基地的地区购买农药,甚至可以买到违禁农药,或者将用于水稻等其他作物的农药用到蔬菜上,因此,仅仅控制当地的农药市场没有太大的效果。

目前已在广东省的连州、雷州、电白和韶关等地建立了7个蔬菜生产基地（见图7-1），合同农户达到2万多家，种植面积超过2000 hm^2。

图7-1 蔬菜生产基地

其运作流程为：农户按公司合同生产蔬菜，片长负责将合同农户的蔬菜收购、分级和包装（见图7-2），然后将基地的蔬菜集中运到深圳市布吉农产品批发市场进行销售，经过零售商进入消费者。这是一种典型的"公司+农户"为主导的供应链的组织模式。① 公司利用不同地区、不同海拔的温度差异，不同的季节在不同的基地循环收购。一个生产周期之后，公司根据市场销售情况和该期农户的种植情况编制下一期的生产计划（种植品种、播种面积及其在各片的分布）。

公司的具体组织结构和生产流程如图7-3所示。

（2）组织内部关系。首先，公司选择在当地有一定威信和组

---

① 深圳嘉农公司具体采用的是"公司+基地+片+农户"形式，其中，公司的一个基地由若干片组成，每个片又由若干相邻的自然村组成，片长由公司指定，但不是公司员工，只享受提成，且一般由当地具有一定的权威或影响力并熟悉蔬菜的种植技术和管理的人担当。一个或多个基地的蔬菜被集中运到深圳市布吉农产品批发市场进行销售。

图 7-2　蔬菜的收购情况

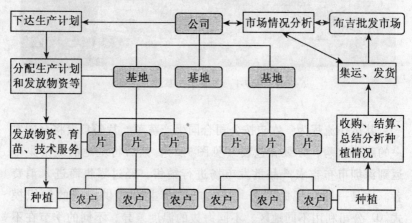

图 7-3　公司的组织结构和生产流程

织管理能力的人担任"片长"。① 片长作为连接公司与农户的中介，尽管不是公司的员工，但具有代表公司管理片内所辖农户的权力，并享有生产活动中的许多控制权。他们主要承担的义务有：在公司确定生产计划（主要是在该片的种植面积和种植品种）前向公司提供农户的意愿种植面积；代表公司与农户签订种植合同；负

---

① 因为公司总部在深圳，距生产基地较远，当地农民与公司在开始互不相识，他们往往更相信当地的熟人，因此，公司在与农户签订合同时，需要借助片长的信用（在当地的威信和社会关系网络）来建立农户对公司初始的信任。

责向农户发放种子，如果品种的技术要求高，还要负责育苗，然后，再将培育好后的种苗分发给农户；代公司销售农药、化肥等生产资料（但不是强制性的）；在生产过程中为农户提供技术服务，监督农户的生产行为，记录产品病虫害情况并及时向公司汇报；在收购产品时，杜绝农户的外买和外卖行为，进行产品品质检验（主要是搜寻性的感官品质）并分等定级，还要负责产品运输前的包装、装货等工作；向农户结算货款；总结分析当期的种植情况。公司允许片长按照收购量进行相应的提成：每收购 1kg 产品提成 0.1 元。①

其次，公司与农户之间，由于产品不同，市场的竞争程度不等，使用了不同的合同来灵活界定公司与农户之间的权利。对于市场上普遍交易的产品，如辣椒，没有保护价，农民可以卖给别人，也可以卖给公司；公司可以收购，也可以不收购。对于不完全竞争产品（市场上也存在着这类产品的交易，但与嘉农公司的品种有所差别），如豆角，公司设定保护价完全收购，并有条件地（其他收购商的价格比公司价格的价格高出 25% 时）容许农户外卖。对于完全垄断性产品（公司试验推广、提供种子、品种独特），如西红柿，公司制定保护价收购，不容许农户有外卖的行为。

多个基地的产品运到同一市场（深圳市布吉农产品批发市场）销售。公司利用不同地区、不同海拔的温度差异，不同的季节在不同的基地进行循环收购。通常在一个生产周期之后，公司会根据市场销售情况和该期农户的种植情况编制下一期的生产计划，具体包括种植品种、播种面积及其在各片的分布。而且，该生产计划一般小于农户的意愿和市场需求水平。例如，2004 年电白基地木师片的农户愿意种植西红柿的面积为 20 hm^2，而公司实际批准的种植面积为 14 hm^2，并按此面积准备种子等生产资料。

（3）对蔬菜质量的控制。按收购量提成可以有效地保证公司

---

① 除收购量的提成外，片长的收入还包括为公司销售农药和化肥的提成、为公司育苗时包干成本节余后的所得。根据计算，一个片长在一个生产周期可以获得十几万元的提成。

的货源和新技术的推广，可以降低监督片长的费用。然而，如果片长的收入以收购量为依据，那么产品的质量就需要监督，因此，公司在各个收购点配备了质检员，并附加有可追溯系统。

在每个片的收购点，公司均设有 1~2 名质检员，同时基地主管也从事监督检查的职责。①。他们主要是监督和检查片区的产品收购过程及其他可能存在的问题。具体表现在以下方面：

第一，监督片长的产品分类和称重过程。有时候，片长为了强化与农户之间的关系，在产品分级方面可能偏向于农户，因为具体的等级标准无法严格地控制。例如，根据笔者在收购点的现场观察，产品收购时并没有进行严格的检测，其分等定级主要依靠片长的对产品感官品质的主观判断。另外，产品在按箱或筐计重时，片长可能有"短秤"的激励，这也可以通过质检员的监督加以控制。

第二，对基地各片点农户的资料进行收集和统计比较，包括收获量、送货期、生产资料使用情况等。

第三，与合同农户的直接交流，监督片长对生产资料的收费。例如，公司规定，试种的种子对农户是免费的；同时公司向农户提供的农药和化肥等生产资料，仅按照公司统一采购的成本价格收取费用，公司与农户的直接交流可以防止片长在这些项目上高收费。其他一些方面，如技术指导、装运、产品收购时的挑选分级等，属于公司与片长的"共同职能"，这种共同职能没有明确的划分，完全凭相关方的"自觉"行为。这看起来是分工的不明确，但是，大家对此有一个模糊的理解，彼此对对方的工作也有一个心理定位（如彼此的责任问题：分级的结果，责任在片长）。② 另外，在基地主管与农民的接触中，也建立了公司与农户之间直接的"情感或精神"上的联系，既强化了公司与农户的联系（提供了片长不

---

① 本书很少讨论公司对其内部员工（质检员、基地主管等）的治理机制。嘉农公司属于家族性质的企业，质检员与基地主管多是公司老板的亲属，对他们的治理多是靠"血浓于水的亲情"。

② 这类共同劳动是否促进了彼此关系的融洽（一种治理机制），尚不能肯定。

能提供的技术联系），也削弱了公司对片长的依赖。

此外，当市场的价格下跌时，片长可能收购非合同农户的产品，或者鼓励合同农户从非合同农户那里购买产品，然后转卖给公司。对此，公司可通过其产品品种（新品种）的独有特征加以区分，因此，技术本身成为保障"公司+农户"模式成功的一个支撑。

实施基于纸质的可追溯系统是公司的另一个治理机制安排。如图7-4所示，公司的具体做法是：片长在对收购产品进行包装后，必须在产品包装箱上贴上标示（自制的纸质标签），标签的信息包括为：基地代码+片代码+产品代码+等级代码，如"k50101"代表：电白基地、观珠片、一级以色列西红柿。这些标示的内容一方面有助于公司对各个片的产品数量进行检查和统计——前向跟踪，更重要的是在产品销售之后，一旦客户反映有品质问题，公司就可以利用追溯制度确定问题的责任片长，并实施一定的处罚，如罚款、减少在该片的种植计划，甚至撤换片长——后向追溯。公司这种简易的可追溯系统，将片长对产品品质的责任（产权）与其努力的程度紧密地联系在一起，能够改变片长的行为预期，减少片长的"偷懒"行为。这是公司产权安排的清晰化和合理化措施。

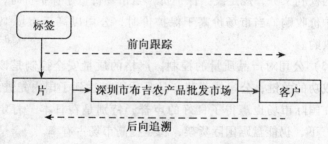

图 7-4　深圳嘉农公司的可追溯系统

7.1.3　安丘市外贸食品有限责任公司

山东省安丘市外贸食品有限责任公司的蔬菜供应是一种典型的出口为主导的供应链组织模式。

(1) 公司简介。该公司是大型农副产品综合加工出口企业，始建于1976年9月，现有员工6000多人，固定资产5亿元，是全国500家最大食品制造企业之一，山东省农业产业化重点龙头企业。主要生产经营生鲜蔬菜、冷冻蔬菜、盐渍（保鲜）蔬菜罐头、调理食品等产品，蔬菜自有基地373.3 hm^2，合同基地0.7万hm^2，年生产能力8万吨，产品90%出口，出口地区主要是日本，也有部分产品销往韩国、美国及欧洲、东南亚、澳大利亚等国家和地区。年产值6.2亿元，销售收入6亿元，利税4200万元，出口创汇6440万美元。公司已获得ISO9001：2000认证、HACCP认证、有机基地和加工厂OFDC认证，而且，公司自己的检测中心通过了国家认可（No. L0302）。

(2) 公司的组织模式。公司实行"公司+基地+农户"的经营模式，其中基地有两种不同的类型：一种是自有基地，另一种是合同基地。前者主要用于生产质量安全风险较大的叶菜类蔬菜，由公司租用土地，雇用农民，严格按照操作规范种植。面对日本的"肯定列表制度"，这种模式在保证蔬菜农药残留符合日本规定方面发挥着重要的作用；合同基地主要用来生产质量安全风险较小的块根、块茎类蔬菜，在此形式下公司通过与农户签订合同①，明确各自的权利义务，规定蔬菜保护价，当市场价低于保护价时，公司以保护价收购，当市场价高于保护价时，公司以高于市场10%的价格收购。

(3) 公司对产品质量的控制。严格的质量安全控制是该出口公司成功的关键，公司的蔬菜产品品质不仅达到了国内先进水平，而且在国际市场也赢得了良好的声誉，特别是在日本"肯定列表制度"下，仍能盘踞国际货架，稳定提高市场占有率。

首先，为了保证蔬菜的质量安全，同时适应海外市场的要求，公司于2000年开始利用企业内部编码对蔬菜实施可追溯制度。目前，公司实施的蔬菜可追溯系统已成为公司内部质量管理的重要工

---

① 此处，公司对合同农户的选择，要求比较严格，一般选种植规模较大，诚信度好的农户为其合同农户，对合同农户进行严格的管理。

具,有效地满足了海外市场准入的需要。

其次,公司建立了严格的农药保管、配制和使用管理制度(见图7-5所示)。其具体内容如下:

①农药保管:基地设立专门的药库管理人员,建立严格的领用档案;农药贮存在门窗牢固、通风条件较好并配有灭火器的专门库房内;不同种类的农药分类存放在专用货架上,并挂牌标示;领取农药时,必须开具处方单,经审批合格后,方可领用;领用的农药品种、数量必须严格按照公司发放范围使用,不得私自更改处方单。

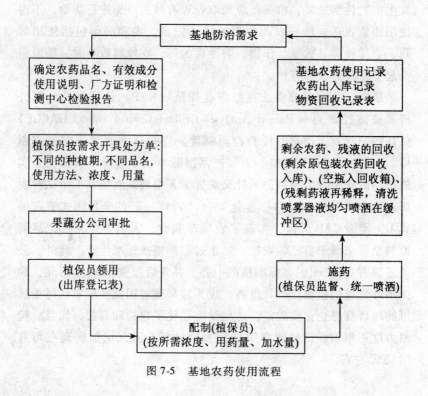

图7-5 基地农药使用流程

②农药配制:配制的农药必须是公司允许使用的,不得私自扩大农药品种;农药配制前,要查看农药的包装品名、有效成分含量、出厂日期、使用说明等,确保农药没有失效和不含违禁成分,

要认真参照说明书的配制浓度、稀释倍数配制；农药取用时，剂量必须准确，不可随意改变用量；根据不同的喷雾器确定农药配制的加水量；农药配制时，避免洒落，污染周边环境。

③农药的使用：基地用药必须由植保员现场指导监督，详细填写基地用药记录，并由植保员和基地负责人签字确认，不得私自更改；农药当日配制，当日使用，不隔夜使用；喷药前仔细检查喷雾器开关、接头等处螺丝是否拧紧，药筒是否渗漏，以免漏药污染；药剂洒布选择阴天或无风的晴天进行，避免高温时间和大风喷洒；农药喷洒时，要求散布均匀，注意叶片背面害虫的防治；如果基地发生突发性病虫害，植保员应采取合理有效的措施进行防治，不得使用违禁农药；做好农药使用的详细记录，内容必须包括使用时间、农药种类、数量、作物、防治目的等，在原料收获时，随原料一起交果蔬分公司存档。

最后，公司内部实施良好农业规范（GAP）认证以及危害分析和关键控制点（Hazard Analysis Critical Control Point，HACCP）认证等，建立了严格的检验检测制度。应对日本的"肯定列表制度"，公司及时调整战略，力保产品国际市场不萎缩，从源头上实施严格的安全卫生控制，另外又购置了8个果蔬农场和1个试验农场，实施"公司+农场+标准化"和"六统一"的全封闭式管理模式①，实施GAP认证，实现了农场车间化，人员专业化，产品的原料全部来源于自己的农场，加工过程严格按标准生产。此外，公司还建有2600 m²的高标准检测中心，并先后投资2000多万元，购买国际先进的检测仪器和设备，成为较早通过国家实验室认可委认可的出口食品企业实验室。这些设施强化了自检和自控，而且，检测力度逐年加强，检测费用从过去的每月6万元增加到现在每月10万元左右。

---

① 其中的"六统一"为：统一下达种植计划、统一供应种苗、统一供应药肥、统一病虫害防治、统一检测监控、统一收购加工。

7.2 供应链组织模式对蔬菜质量安全的影响

通过对笔者所调查的案例进行整理、比较和分析，可以得出蔬菜供应链组织模式的影响因素及其与蔬菜质量安全水平之间的关系（见表7-1所示），并由此总结得出了以下几条规律性的判断与认识：

（1）凡是蔬菜出口企业都实行了不同程度的纵向一体化。在笔者所调查的多家出口企业中，如山东安丘外贸公司和武汉易生公司（还有浙江省的茶叶出口企业）等，都实行了程度不同的纵向一体化，同时，还配以严格的检测；且在其出口业务中，越是农药残留风险高的叶菜类，其生产的一体化程度要求越高。山东省的调查显示，出口叶菜类产品一般由出口企业的自有基地进行生产，或者由规模较大的、有长期合作关系的合同农户提供。[①]

（2）对于供给国内市场的蔬菜生产企业而言，凡是注重产品质量、规模较大的企业，往往也实行了不同程度的纵向一体化。例如：深圳嘉农公司生产的水东芥菜，就是实行"反租倒包"形式，租用连块农户的土地，雇用农户种植管理；浙江温岭市西瓜合作社，注重品牌，实行完全一体化，合作社社员以基地为单位，共同承包土地，共同生产，共同销售；寿光田苑公司则拥有自有基地 $87\ hm^2$。另一方面，规模相对较小且不太注重声誉的蔬菜经营者，一体化程度非常低，一般都是从产地批发市场自由采购，批发商与农户之间几乎没有任何联系。这种交易方式的一个明显特征就是"分散采购、批量出售"，说明交易商并不关心产品的信用品属性（质量安全），也不会对上游生产者的生产过程进行控制或监督，而只会关心产品的搜寻品特性（感官质量）。

[①] 例如，山东省安丘市外贸食品有限责任公司要求其合同农户的规模在 $6.7\ hm^2$ 以上；深圳百佳超市要求其蔬菜供应商必须拥有 $33.3\ hm^2$（500亩）以上的自有基地，主要提供叶菜类，并且，超市还要求供应商建立生产作业档案和可追踪系统。

(3) 对于一些规模较大的蔬菜基地,其农户所生产蔬菜的安全水平一般高于非蔬菜基地的农户生产的蔬菜。其原因如下:

①基地所在的当地政府重视。笔者在武汉市新洲双柳蔬菜基地、湖北嘉鱼县潘家湾蔬菜生产基地、山东寿光蔬菜基地的调查表明,蔬菜作为当地经济的支柱产业,受到政府的高度重视。政府有积极性维护当地蔬菜的声誉,抽查、处罚和宣传力度高于非蔬菜基地,在一定程度上降低了农户滥用农药的可能。

②基地的农户个人,其生产技术水平和防治病虫害的能力相对于非基地散户一般较高,因而控制农药使用的成本较低。

③基地农户在蔬菜上的资产专用性(技术、知识和习惯等)较高,一旦"声誉"出现问题,会损失专用性投资。

④基地农户的行为对整个基地产品的声誉产生影响,社区会通过个人声誉机制来约束个人的行为。

表 7-1 我国蔬菜供应链组织模式的影响因素及其对应的质量安全水平①

组织简称	目标市场	产品特征	政府监管	信号方式	组织形式	紧密程度	可追踪系统	安全水平
双柳镇	农贸市场/批发市场	叶菜类/豆类	不严格	无公害认证	批发商+农户/散户经营	很松散	无	一般
潘家湾	批发商	叶菜类	不严格	无公害认证	批发商+农户	松散	无	一般

---

① 表 7-1 中"安全水平"的主要判断依据为以下几个方面:(1)农田基础设施,包括病虫害防治和水利等;(2)农户的农药安全意识和用药行为;(3)企业(合作社)对农户的生产和农药使用等方面的干预程度;(4)政府的重视程度与监管力度(检测、认证和宣传等);(5)消费者的反馈信息(口碑和品牌等)。

续表

组织简称	目标市场	产品特征	政府监管	信号方式	组织形式	紧密程度	可追踪系统	安全水平
深圳嘉农公司	批发市场	叶菜类	较严格	绿色认证	公司+农户	较紧密	有	较高
西兰花合作社（内销）	批发市场和超市	西兰花	严格	无公害认证	公司+合作社+小农户	紧密	无	高
西兰花合作社（出口）	海外市场	西兰花	很严格	无公害认证，自有品牌	合作社+公司+大农户	很紧密	有	很高
安丘外贸	出口	叶菜类和根茎类	很严格	ISO，有机认证，HACCP	完全一体化、公司+农户	很紧密	有	很高
寿光田苑	超市	叶菜类和根茎类	较严格	"放心菜"，自有品牌	完全一体化、公司+农户	较紧密	有	较高
西瓜合作社	超市和水果专营店	瓜果类	严格	绿色认证，自有品牌	完全一体化	很紧密	有	高

7.3 供应链组织模式对保障蔬菜安全的机制分析

通过对上述的案例分析与总结，本书可以得出不同的供应链组织模式在其产品的质量安全保障水平上呈现出如下的梯度：完全一体化（公司返租、合伙制）优于"公司+（大）农户"，优于"公司+小农户"，优于蔬菜生产基地，优于散户生产。这也就是说，蔬菜供应链中纵向的协作越紧密（一体化程度越高），其产品的质量安全水平就越高。紧密的纵向协作之所以能够比较有效地控制蔬菜质量安全，可能同时存在着多重治理机制：重复博弈与信誉机制、直接干预、激励机制、可追踪系统、集体惩罚和其他的一些非正式制度等等。其质量安全治理机制的具体运作情况如下：

（1）重复博弈与信誉机制。紧密协作的供应链中，交易双方的关系变成了重复博弈，双方的专用性资产较多，有利于建立起信誉（声誉），发挥信誉机制的作用。信誉机制是一种隐性激励，它使行为主体出于自己的声誉和长期合作关系的考虑自觉放弃眼前利益来限制自己的机会主义行为，从而可以减少契约的监督或执行费用。因此，组织起来的社会（团体、共同体、社群和社区）可以增强其成员的声誉和履约动机。

（2）公司事前的防范及技术支持。紧密协作的供应链中，龙头企业能够控制生产资料的投入、制定技术操作规程、监督农事操作等，也可以为农户提供技术支持和指导，进而可以提高蔬菜的质量安全水平。例如，深圳嘉农公司在合同里明确要求农户使用无公害和生物农药，禁止滥用高毒、高残留农药，具体列出了 16 种违禁农药，贴在每个片的收购点，并通过农户大会、片长和基地主管的宣传等渠道让农户意识到违禁农药的使用对自身和消费者健康的危害。其次，公司加强了与一些科研和生产单位的联系，购买高品质的种子和合格的农药化肥，邀请相关专家向农户讲解病虫害防治的知识和传授农药使用的方法和技巧。同时，公司也免费为农户提供一些蔬菜种植生产方面的学习资料，鼓励他们学习和互相交流。

再如，浙江省临海市上盘镇的西兰花合作社制定了《上盘西兰花生产技术操作规程》和《西兰花质量安全管理守则》等，实现了从生产到销售的规范化操作，同时，为全程监控农药的使用，合作社还制定了农药使用的"三定三记录"① 的全程监测方法。

（3）可追踪系统和集体惩罚。紧密协作的供应链有助于可追

---

① "三定"是指：定用药品种、定销售点、定用药时间，"三记录"是指：记录农户所购买的农药和化肥的各种要素，记录农户使用农药的田块、面积、用水、防治对象、用药量等信息，记录社员的基本情况。

踪系统的实施。可追踪系统作为一种产权界定的交易工具或技术，能够将相关的蔬菜安全产权界定给供应链中的相关责任人，而他们正是最有知识和能力控制产品安全属性的主体，进而可以提高效率。例如，深圳嘉农公司通过纸质可追踪系统的建立，强化了契约关系中的权利结构，表现为：农户着重于当地生产技术的积累与创新，承担生产风险；公司负责外部技术的引进和市场行情的把握，承担市场风险；片长负责社区社会关系的维护，承担人际关系风险。

  一旦有了可追踪系统，就可以很容易地找到并惩处相关的责任人。这样做的效率改进在于：它提供了一个延迟权利（押金或延迟结算①）和一个事后的惩罚机制（集体惩罚），减少了事前的监督、检测费用。例如，深圳嘉农公司的做法是在每个生产周期开始时并不是与单个农户分别签订种植合同，而是与一个"片"内的所有农户共同签订一份"集体合同"②，一旦某个"片"内的产品出现了问题而又找不到具体责任农户时，公司则停止收购该片的所有农户的产品。在我国当前分散的小农生产和农户毗邻而居（彼此相互了解，容易观察）的形势下，这种集体惩罚（"连坐制"）的方式无疑是有效率的，因为它启动了"片"内的双重机制：一是相互监督机制，一旦有了集体责任，片内成员便有积极性监督、揭发机会主义分子；二是"片长"的本地知识被调用，片长可以利用对自己对片内成员的了解和社会关系网络来降低监督费用。

  （4）激励机制。紧密的协作中，龙头企业可以通过实施"优质优价"策略来激励农户生产更安全、品质更高的蔬菜，具有某种效率工资的效果。例如，深圳嘉农公司生产合同规定：一级小青瓜1.4元/kg，二级小青瓜0.6元/kg；一级以色列西红柿1.0元/kg，二级

---

  ① 延迟结算是指公司在收购农户的产品时大多使用记账方式，过一段时间（如10天）在确保产品"没有问题"时再将货款支付给农户。

  ② 这种分片管理的做法在其他案例中也可以发现，例如临海市上盘镇西兰花合作社将其合同农户划分为81个"作业区"。"片"或"作业区"的大小以龙头企业的生产加工能力为基础，总的原则是每个"片"或"作业区"的日收购量足以满足企业生产加工的最小规模要求。

以色列西红柿 0.5 元/kg。笔者在上盘镇的西兰花合作社也观察到了不同的计价方式：农户缴送过来的西兰花，经收货员分拣后，合格产品 0.7 元/株，不合格产品 1.6 元/kg（合 0.2~0.3 元/株）。

(5) 非正式制度。紧密的协作形成了供应链中上下游企业（或参与方）间的长期稳定的合作与互动，在此期间交易双方形成的偏好、习惯、惯例、信任、社会关系网络和社会资本等各种非正式制度能够降低企业的监督费用并约束机会主义行为，例如，笔者在上盘镇的西兰花合作社调查时，发现有一部分合同农户通常委托其亲戚或邻居到收购点缴纳产品，他们对其分拣结果并无异议。这表明农户与合作社（企业）之间已经形成了充分的信任关系和稳定的交易关系。

7.4 小结

根据上述案例研究的结果，并将其与实地调研和计算机仿真的分析结果进行对照分析，可以得出：来自市场和政府监管等方面的压力会对蔬菜提供的相关主体的安全供给行为产生重要的影响。为了应对这些压力，他们将自发整合蔬菜供应链组织，加强协作，运用各种治理机制来控制质量安全，而纵向更加紧密协作的供应链组织结构将更有利于其质量安全的控制。

简而言之，供应链中纵向的协作越紧密（一体化程度越高），其提供的蔬菜的安全水平越高。

8 结论、对策与研究展望

本书以分析我国现实中蔬菜质量安全问题存在的根源入手，从整个蔬菜供应链的视角，运用理论分析、实地调研、计算机仿真和案例研究相结合的方法，深入分析和探讨了供应链的各参与主体（包括种植农户、批发商、加工商和政府监管部门等）和组织模式对蔬菜质量安全的影响及其运作机制。以此为基础得出研究的结论，并提出相应的政策建议，为制定保障我国蔬菜质量安全以及食品安全相关的政策提供有效的依据和参考。

8.1 主要研究结论

通过理论分析、实地调研、计算机仿真与分析以及案例研究，可以得出以下主要结论：

（1）在当前政府监管的背景下，即实行分段式监管，且抽检频率和罚款力度较低的情况下，现阶段我国实行的规模小而分散，组织化程度低的蔬菜生产经营方式难以保障蔬菜质量安全，即使加大罚款力度，提高抽检频率，仍然效果甚微，却反而大大加重了政府的监管成本。

（2）一旦外部环境有对蔬菜质量安全的要求，供应链就会实现某种程度的一体化，并且，对质量安全的要求越高，供应链的一体化程度就越高，而一体化程度越高，则农户规模就会越大。也就是说，没有严格的市场检测，没有来自市场的压力，就没有一体化的组织，也就无法保障蔬菜的质量安全；农户的规模越大，其专用性资产（经营面积、社会资本、押金等）越多，越有积极性讲究信誉；有组织的农户比无组织的散户更注重信誉。简而言之：供应链中纵向的协作越紧密（一体化程度越高），其提供的蔬菜的质量安全水平相应地也就越高。

（3）蔬菜供应链的一体化程度越高，组织化程度越强，供应链中参与方之间的关系越紧密，政府的监管效率越高，成本越低。政府通过加强对供应链末端的监管，充分利用供应链的内部控制机制来控制蔬菜的质量安全，将政府监管压力和市场压力与信息迅速传递到整个供应链的所有参与者，降低政府的监管成本，同时推动市场机制演化，形成公私合作治理机制。

（4）相对于我国现行的分段式蔬菜安全监管体制而言，一体化监管是一种交易成本更低、效率更高、效果更好的监管体制。即在一体化监管体制下，产权界定会更清晰，内部的管理取代了部门之间的协调，同时，会更有效地促进蔬菜质量安全信息的传递和透明化，并将促进纵向协作式和一体化供应链的形成，利用供应链中声誉机制来保障整个蔬菜的质量安全，其结果是较低的交易成本、更高的蔬菜质量安全水平和更多交易剩余的实现。政府的一体化监管和供应链的一体化是两种有效率的信号生产与知识管理制度，相互依赖，协同演化。

（5）信任、文化和道德等非正式制度，也是非常重要的蔬菜质量安全治理机制，对我国蔬菜质量安全的演化路径和演化速度都起着十分重要的作用。正如仿真系统和现实情况所证实的，当一个社会的信任度普遍较低时，很难从低水平的均衡演化到高水平的均衡，长期锁定（Lock-in）于低质量安全水平的状态，无法提高和保障蔬菜的质量安全。

8.2 政策建议

为了从根本上解决蔬菜农药残留超标等质量安全的问题，保障蔬菜的质量安全，基于上述的研究结论，可以从以下几个方面着手：

（1）积极促进我国零散的、原子式的蔬菜生产经营主体向结构化和规模化方向发展。现阶段，我国蔬菜生产经营的特点为：规模小而分散,且行业协会等生产经营者的组织不发达。一个超强的政府监管部门要面对大量分散的小规模农户,监管成本极高;而分散农户的用药行为又正好是生鲜蔬菜农药残留控制的难点和重点。一个社会越是组织化和结构化,越是充分利用社会的知识、组织和网络来管理,交易成本就越低;而组织化的社会,将有利于重复博弈和信誉机制发挥作用,增强整个社会的信用,一个以信誉为基础的社会的管理成本更低。因此,突破我国蔬菜质量安全水平现阶段的低质量不安全均衡的初始步骤在于:积极引导分散的小农户自愿形成组织,建立健全各类农民合作组织和协会等组织,大力支持其发展;培育建立社会网络,使社会组织化和结构化,利用组织的信用和社会网络来约束个体的行为,控制机会主义行为。

(2) 积极促进供应链的组织向紧密性和多样性方向发展。蔬菜供应链的紧密程度或一体化程度决定了其供给的产品的安全水平,因此鼓励、诱导蔬菜供应链向一体化的方向发展,能够提高我国的蔬菜质量安全水平。在一定的政府监管或市场认证水平下,促进供应链紧密化的有效办法就是增加农户的生产规模。这就要求建立和完善我国农村土地流转制度和市场。同时,由于我国现阶段各地区人们的收入水平、年龄结构、教育程度等有所差异,人们对蔬菜质量安全水平的需求也有所差异,因此,建立统一的标准,形成统一的蔬菜供应模式,恐怕也是不现实的,而应当根据各地区的实际情况,鼓励多种多样的蔬菜供应模式的创新和发展,积极探索和推广"公司+农户"、"公司+合作社+农户"以及完全一体化等多种模式供应链的发展。

(3) 加快我国蔬菜质量安全以及食品安全信用体系的建设。针对蔬菜行业甚至是整个社会的信用危机,建设社会信用体系是一项行之有效的治本之策。具体而言,就是建立蔬菜身份标示制度和质量安全信息可追溯系统;逐步建立健全蔬菜质量安全信息管理制度;建立蔬菜质量安全信用征集制度;完善蔬菜质量安全信用和信息的披露制度;加强道德舆论宣传,营造社会信用氛围。

(4) 改革我国的蔬菜质量安全以及食品安全监管体制。其中,一体化监管是其改革的发展方向和趋势之一。其一体化监管体制主要含义是：在一个或少数几个授权明确的部门或独立机构下，整合保护消费者和保障蔬菜质量安全的所有职责，实现在从农田到餐桌的整个过程中都具有监管权的各管理机构间的卓有成效的整合和合作。政府可以在某些地区就某个行业或某种产品先进行一体化监管的试点，然后进行推广。至于一体化监管体制的模式可以有多种选择，例如：可以从食品供应链的整体出发，成立一个能够领导协调各个涉及农产品（蔬菜）和食品各环节的监管部门类似于美国的总统食品安全委员会的全国统一机构；① 也可以从各个职能部门中将有关食品安全监管相关的机构进行合并，组成新的食品安全监管机构；还可以将食品安全监管职能直接赋予一个或少数几个部门主要负责，等等。从长远来看，我国应该建立国家水平的独立、综合、全面、协调、统一的食品安全监管单一机构，建立一元化、一体化的单一型监管体制。

（5）从全局而言，蔬菜质量安全问题以及食品安全问题的解决需要多元治理机制的共同作用。蔬菜质量安全问题是一个复杂多变且涉及多方面的问题，因此，合理的蔬菜质量安全管理制度应该是利益相关者自我激励、自组织，多层次、多组织以信誉为基础的公私结合的治理机制。具体而言就是：建立竞争性的认证市场，认证企业对蔬菜供应链进行认证监督；政府系统的蔬菜质量安全监管职能集中到一个部门，内部实行行政监督，并对认证企业、蔬菜供应链、媒体进行监管；新闻媒体和各类非政府组织（Non-governmental Organization，NGO）（如消费者协会、绿色和平组织

---

① 值得高兴的是，《中华人民共和国食品安全法》于 2009 年 6 月 1 日起已经正式实施，其中，该法对现行的食品安全监管体制进行了调整，明确规定国务院设立食品安全委员会。该委员会作为高层次的议事协调机构，对食品安全监管工作进行协调和指导。相关内容见附录 5。2010 年 2 月 6 日国家食品安全委员会正式成立，并组建办事机构——国家食品安全委员会办公室，具体负责委员会的日常工作，统筹研究、指导协调食品安全工作。各省（区、市）政府相应成立了由政府分管领导任主任的食品安全委员会或领导小组，并设立了办公室，加强对食品安全的组织和协调工作。市、县两级政府也普遍建立了对食品安全工作的协调机制。

等）对政府和企业进行监督，新闻媒体内部实行竞争；农户相互组织起来，通过加工企业和供应商等形成紧密协作的供应链，供应链的内部实施质量管理体系；媒体、生产商、零售商和农户等组成行业或社区协会，进行内部声誉管理，加强行业自律。消费者根据认证信息、政府监管信息、媒体信息自由选择购买。

8.3 研究展望

本书将有限理性、学习能力、演化思想以及仿真技术引入蔬菜质量安全的治理研究，尚属探索阶段，因而还存在很多不足之处。以下是值得进一步深入研究的问题：

（1）现实中，蔬菜供应链的参与主体还包括零售商和消费者等其他角色。如果将消费者和零售商等也纳入蔬菜质量安全的演化模型，则会更加接近现实而丰富。特别是消费者对蔬菜供应链、农户、批发商和政府都会产生影响；而政府、农户和零售商等对消费者也都会生产影响。这些都有助于蔬菜质量安全的治理机制研究。

（2）本书对政府主体的行为决策的抽象不够全面和深刻，未充分考虑其学习和适应性，有待进一步完善。现实中，政府主体具有多重目标，存在着诸多约束条件，并且在多重目标之间进行权衡，其行为决策比较复杂，因此，需要对政府监管部门进行更加深入细致的调研，反复检验，使得政府主体的设计更加接近真实情况。

（3）随着互联网的普及与发展，网络信息传播已经成为社会主流信息传播方式之一，并对社会生活各方面产生了巨大的影响。同样，计算机网络等信息技术对涉及食品安全的消费者、生产者、销售者、政府监管者、新闻媒体等相关主体及其行为，以及食品安全信息的传播与发布的途径、速度和透明度等都产生了深远的影响，并逐渐成为一种新的治理机制。这一方面的研究非常有意义，有待进一步深入探索。

附录1 食品安全监管体制对蔬菜供应链的影响

我国目前蔬菜安全的监管体制是实行分段监管,农业、质检、工商和卫生等各部门各管一段,多级保障。具体而言,农业部门负责生鲜蔬菜生产(种植)环节的监管(包括农药、化肥等农业投入品的管理);质检部门负责蔬菜生产加工环节和蔬菜进出口的监管;工商部门负责蔬菜流通环节的监管;食品药品监管部门负责餐饮业和食堂等消费环节的监管;卫生部门负责对食品安全的综合监督、组织协调和依法组织查处重大事故。这种制度安排存在着体制上的稳定性和新旧职能之间的关联性,不涉及机构重组,利用原有体制的指挥协调系统履行新职责的边际成本可能较低。但现行的制度也存在一些问题,如各方相互博弈以攫取租金,事前竞争预算和监管权利,事后推卸责任。重复检测造成资源的浪费和企业负担,同时,彼此期盼对方的监控又造成管理的空挡。我国政府在经过数十年的尝试失败以后,发现多部门分段管理存在越来越多的问题,老百姓将之形象地称为"七八个部门管不住一把菜、管不住一头猪、管不住食品安全"。

我国政府的这种多个部门分别监管蔬菜供应链的各个环节的模式,忽视且严重地破坏了供应链的内部联系机制。即由于政府的分段式监管,降低了供应链中交易各方的信息不对称的程度,供应链(组织)就没有必要产生适当的内部机制来治理这种信息不对称。而在政府只对一端监管的情形下,供应链的内部则需要利用各种形式的一体化机制(如合同、社区治理、效率工资)等解决合同的不完备问题,并且这些机制利用了本地信息,治理不对称信息的成本(相对于政府的监管)往往更低。这就是所谓的制度互补与挤出效应。

相对于政府多部门分段监管模式，一体化监管模式能促进蔬菜供应链的纵向一体化（或纵向协作），从而更能保障蔬菜安全。蔬菜安全一体化监管体制主要指的是：在一个或少数几个授权明确的部门或独立机构下，整合保护消费者和保障蔬菜安全的所有职责，实现在从农田到餐桌的整个过程中都具有监管权的各管理机构间的卓有成效的整合与合作。

政府监管的一体化，往往会导致供应链的一体化。在一体化监管制度下，政府会在整个供应链中选择最有效的监测点，并促进监测点上游供应链的某种程度的一体化和信誉机制的建立，利用供应链的内部控制机制来控制食品安全，起到"四两拨千斤"的作用，降低政府的监管成本，同时推动市场机制演化，形成公私合作治理机制。政府的一体化监管和供应链的一体化是两种有效率的信号生产与知识管理制度，相互依赖，协同演化。

首先，一体化监管模式下的政府会选择只在供应链的末端进行监管①，如以超市等零售商为对象，通过检测、信息公开、惩罚、保险等措施来保证蔬菜质量安全。以超市为例，它在市场上具有一定的规模和专用性资产，经营具有长期性。同时蔬菜一般没有品牌，大多以超市的品牌销售。因此超市在蔬菜安全方面的信誉不仅会影响蔬菜一种商品的销售，也与超市在其他产品或服务方面的信誉密切相关。在政府集中监督超市的情况下，如果超市"违规经营"，它受到惩罚的可能性和程度都会很高。在现代生产方式下，消费者离生产者越来越远，由超市/零售企业承担安全责任，对消

---

① 关于监管（检测）点的选择，理论上，选择供应链的最末端（零售商）进行监管是最有效和最经济的。但是，鉴于我国零售商规模小且数量众多而批发商的数量相对较小的现状，余浩然（2006）认为选择批发市场比较合适。笔者则认为：虽然将监管点选在批发商比较集中的批发市场可以节约部分成本，但关键的是，这种安排不能充分利用消费者信息，消费者的反馈不能很好地传递到批发商，从而对批发商的行为影响较小；此外，政府除了对批发市场监管外，还必须对零售市场也要进行监管，因此，从整体而言，选择批发市场为监管点，效率会低很多，而成本也会高些。

费者理赔，然后再追溯生产者的责任，这种情况下蔬菜安全责任的处理成本低。事实上，超市等零售商是有积极性控制蔬菜质量安全的，例如：欧洲零售商协会（Euro – Retailer Produce Working Group，EUREP）的欧盟良好农业操作规范 EUREPGAP（EUREP Good Agricultural Practices）和英国零售商协会（British Retail Consortium，BRC）的食品技术标准（BRC Food Technical Standard）等全球标准都是由零售商发起制定的认证标准。

为了建立超市的信誉，引导超市模式的发展壮大，政府需要公开、比较超市之间以及超市与农贸市场之间的检测结果，或者，政府对纳入检测的超市的蔬菜提供保险。例如，深圳市等一些大城市采取了对经营问题食品的超市曝光制度，让超市更有积极性控制食品安全，收到了良好的效果。又如香港渔农自然护理署，他们在批发市场检测并收费（香港批发市场是唯一的进入零售市场的蔬菜通道），并销毁所有的不合格蔬菜。此后凡在超市等零售市场购得超标蔬菜的，渔农自然护理署负责赔偿超市由此遭受的损失。这就发出了一个强烈的信号——超市的蔬菜是安全的。

但是，若政府只监管末端企业，蔬菜供应链上游的企业由于没有了来自政府的监督压力，机会主义行为将会增加。在政府的末端监管机制下，只要政府的惩罚大于末端企业提供低质量蔬菜获取的收益，那么末端企业就有积极性进行市场检测（自检），否则将承担不合格蔬菜造成的损失。在这样的制度安排下，末端企业实际承担了多部门分段监管体制下由政府承担的检测成本。

但是，由于蔬菜安全属性的信用品特征，末端企业进行市场检测同样会面对原来由政府承担的高昂的检测费用。在一定的技术水平和政府末端监管下，末端企业降低这种检测费用较为可行的办法就是采取紧密的蔬菜供应链模式，以建立和上游供应商的长期关系。当然，末端企业也不会和所有的上游企业都建立长期关系，它只需要紧密地联结离它最近的上游企业就可以了。它的上游企业选择什么样的供应模式由其自主选择。而可以预测的是，它的上游企业会采取与其相同的供应模式紧密化战略。这样，通过一级接着一级的传导，一层一层的控制，检测（监督）费用和蔬菜安全属性的产权在整个供应链的内部得到了重新配置，使产权进一步明晰化。同时，政府的末端监管或检测越严格，蔬菜供应模式的紧密程度越高。笔者在调查过程中观察到了这种运作逻辑，例如，所有出口企业（如安丘市外贸食品有限责任公司、临海市上盘镇西兰花出口企业、武汉易生生物科技有限公司、浙江的茶叶出口企业等）都面临来自海关或出入境检验检疫部门的严格检测或监督，他们的供应模式要比内销企业的供应模式紧密得多，而且，质量安全的控制也要严格得多。

总而言之，相对我国现行的分段式食品安全监管体制而言，一体化监管是一种交易成本更低、效率更高、效果更好的监管体制。即在一体化监管体制下，产权界定会更清晰，内部的管理取代了部门之间的协调，同时会更有效地促进蔬菜安全信息的传递和透明化，并将促进纵向协作式和一体化供应链的形成，利用蔬菜供应链中的声誉机制来保障整个蔬菜安全，其结果是较低的交易成本、更好的蔬菜安全水平和更多交易剩余的实现。

附录2 发达国家食品安全监管体制改革

目前世界各国在国家一级食品安全监管体制的安排上，主要可以分为三种类型：建立在多部门负责基础上的食品安全监管体制即多部门体制；建立在一元化的单一部门负责基础上的食品安全监管体制即单一部门体制；建立在国家综合方法基础上的食品安全监管体制即综合体制。

近年来，在欧美等一些发达国家和地区，食品安全监管体制逐步趋向于统一管理、协调、高效运作的架构，强调从"农田到餐桌"的全过程食品安全监控，形成政府、企业、科研机构、消费者共同参与的监管模式。其中职能整合、统一管理是欧美等发达国家食品安全监管的一个显著特征。不少国家纷纷将食品安全的监管集中到一个或少数几个部门，并加大部门间的协调力度，以提高食品安全监管的效率。例如，鉴于疯牛病（Bovine Spongiform Encephalopathy, BSE）、口蹄疫等动物性疾病在欧盟各成员国的蔓延，为统一监控食品安全，恢复消费者对欧洲食品的信心，欧盟委员会于2002年初正式成立了欧盟食品安全局（European Food Safety Authority, EFSA），对从农田到餐桌的全过程进行监控。在EFSA的督导下，一些欧盟成员国也对原有的监管体制进行了调整，将食品安全监管职能集中到一个部门。下文将对一些发达国家在食品安全监管体制方面的探索进行简单的介绍，为我国食品安全监管体制改革提供借鉴。

1. 加拿大的食品安全监管体制

加拿大农业部于1993年发起了成立由多个部门和所有层级参

加的一体化的食品检测系统的动议,1994年又设计了加拿大食品检测系统(Canadian Food Inspection System,CFIS)计划,随后,该计划得到卫生部的认可。该系统消除了多部门重复检测给产业界带来的不便和资源浪费,同时取得了联邦各省和自治领的法律执行上的协调。为了提高效率,减少部门职能重叠,降低联邦开支,加拿大政府于1996年决定将原来分属农业和农业食品部、渔业和海洋部、卫生部和工业部等多部门的食品监管职能集中,在农业部之下设立一个专门的食品安全监管机构——食品监督署(Canada Food Inspection Agency,CFIA),并于1997年4月正式开始工作。CFIA的作用主要在于负责食品安全、动物健康和植物保护的监管工作。

加拿大食品安全监管机构重组后,真正实现了"从农田到餐桌"的全过程监管,并取得了三个方面的成效:一是节省了财政支出,1997—1998年财政年度的支出减少了10%;二是减少了机构监管的重叠,避免了不同部门开展同样监督检查的现象;三是明确了职责,加强协作,减少了监管的"盲区"。

2. 丹麦的食品安全监管体制

经过四年多的分阶段改革,丹麦政府终于在1999年完成了该国食品安全体系的合并工作。丹麦食品安全体系现在由新成立的食品农业和渔业部主管。

改革之前,丹麦的食品安全由农业部、渔业部和食品部三大部委共同管理。其中,农业部负责对肉类和禽类的检验;渔业部负责所有鱼类以及其他海产品,还有其包装用品的安全检验;食品部则负责为地方的食品生产过程、食品零售等检验设定标准。此外,在三大部委的下面下设了一些代理机构,还有200多个服务单位,组成了庞杂的食品安全管理系统。

1995年,丹麦政府将农业部和渔业部进行合并,成立农业和渔业部。1996年12月,丹麦政府进行了第二次改革,将食品部中有关食品安全的职能转移到农业和渔业部,成立食品和农业渔业部,实现从农场(海洋)到餐桌对食品安全的有效管理。下设执法监督和检测两大体系，政府制定政策，监督部门控制生产企业和市场，检测部门提供技术支持。1997年7月，在食品和农业渔业部下成立三个部门——丹麦兽类食品监管部门、丹麦植物食品监管部门和丹麦渔业监管部门。1999年1月，丹麦政府完成了部门合并的最后一步，重组各个地区的食品安全监管部门。这样，丹麦政府成功地将由三个部门共同管理的食品安全监管体制转变为，以一个独立的食品安全监管机构——食品和农业渔业部对全国的食品安全问题进行统一监管的新食品安全监管体制。食品安全监管机构的重组，改变了原来的政出多门和结构繁杂的状况，使丹麦的食品安全状况大为改观，在国际食品市场上赢得了良好的信誉，同时，成为丹麦50年来历史上最大也是最成功的一个改革。

3. 德国的食品安全监管体制

德国在整合其食品安全体系之前，研究、风险评估以及沟通交流等方面的职责主要是由联邦卫生部和联邦农业林业部共同负责。联邦立法实施与检查的职责由16个联邦州共同负责，检查的任务由城市和其他地方政府负责执行。疯牛病出现之后，德国政府将食品安全监管体制改革提上议事日程。2001年1月，德国将原来的食品、农业和林业部（BML）改组为消费者保护、食品和农业部（BMVEL），新组建的BMVEL接管了原来卫生部的消费者保护职能和德国经济技术部的消费者政策制定职能，并具有三大职能：保护消费者；保证食品质量安全；推进适合环境和动物的农业生产。

为了提高食品安全水平和改进消费者的健康保护状况，德国消费者保护、食品和农业部对其下设的关于风险管理、风险评估等相关机构的职责进行了调整，对各机构的主管范围进行了严格区分，于2002年新组建了联邦风险评估研究所和联邦消费者保护和食品安全局。这两个新机构都隶属于消费者保护、食品和农业部。

4. 荷兰的食品安全监管体制

荷兰在食品安全体系改革之前，有两个食品安全检查办公室，即健康保护和兽医公共卫生监督办公室和家畜与肉类国家监督办公室，分别设在公共卫生、福利和体育部和农业、环境和食品质量部。由于食品安全职责分设在两个不同的部门，导致了荷兰的食品安全体系重叠。例如，两个部门都负责对屠宰场进行检查。

为了利于协调和减少多个食品安全监管机构重叠的要求，以及公众对动物饲料中二噁英、疯牛病和其他动物疾病引起的食品安全问题的关注，荷兰政府于 2002 年决定重组其食品安全体系，将卫生部的一个食品安全监督办公室和农业部的一个食品安全监督办公室合并到一起，成立了食品和消费产品安全局（Food and Consumer Product Safety Authority）。

食品和消费产品安全局的核心职责包括以下三个方面：

（1）危险性评估和研究，即鉴别和分析食品和消费产品安全的潜在威胁。

（2）执法，即保证肉类、食品和消费产品（可能包括非食物成分）符合法律的规定。

（3）危险性信息交流，即根据准确的、可信的数据，提供关于危险和降低危险的信息。食品和消费产品安全局执法的职责包括对食品，动物健康和动物福利的检查。

5. 新西兰的食品安全监管体制

为了协调和统一食品安全监管工作，提高新西兰食品安全体系的效力，尤其是为了解决好农业、林业部在出口食品安全项目和卫生部在国内食品安全项目实施方法之间的矛盾，新西兰政府将农业林业部和卫生部的食品安全责任合并，于 2002 年 7 月成立了新西兰食品安全局（New Zealand Food Safety Authority，NZFSA）。

新西兰食品安全局是食品卫生和质量的最高政府管理机关，其职能是确保新西兰有效执行食品安全法规。NZFSA 拥有新西兰国内食品安全、食品进出口和食品相关产品的监管权，其管理职责覆盖国内市场食品销售，动物产品的初加工以及由政府出具的相关出口证明，农产品的出口，食品进口，农业投入品（如：农药和化肥等）以及兽药的管理及制定行政管理规定。新西兰食品安全监管体制改革之前，也出现过管理部门职能重合、管理标准执行不统一的情况,造成管理部门、生产商和销售商以及消费者之间的纠纷和矛盾。改革之后,食品安全局的成立有效解决了这一问题,从而保证有法可依,执法严明。

6. 美国的食品安全监管体制

美国对食品安全管理的机构有3个:一是食品和药品管理局(FDA),主要负责除肉类和家禽产品外美国国内和进口的食品安全,制定畜产品中兽药残留最高限量法规和标准;二是美国农业部(USDA),主要负责肉类和家禽食品安全,并授权监督执行联邦食用动物产品安全法规;三是美国国家环境保护署(EPA),负责杀虫剂产品的生产许可证发放、制定食品和动物饲料中杀虫剂残留限量以及负责有关水和食物中有毒化学物质的管理和研究项目。

为了加强各食品安全监管机构之间以及联邦与地方政府之间食品安全管理的协调,1998年8月25日,克林顿总统基于美国国家科学院《确保食品从生产到消费的安全性》的调查报告,发布成立了由多个部门组成的总统食品安全委员会。美国总统食品安全委员会的目的在于制订联邦食品安全行动的综合性战略计划,考虑对于如何提高现存食品安全体系有效性的意见和建议。委员会负责就如何提高食品供应的安全和促进联邦机构、州及地方和私有部门之间的协调向总统提供建议。总统食品安全委员会的成立,对于提高美国食品安全水平具有非常重要的作用。美国政府食品安全的管理特点是职能互不交叉,一个部门负责一个或数个产品的全部安全工作,在总统食品安全管理委员会的统一协调下,实现对食品安全工作的一体化管理。

附录3 中国政府在食品安全监管体制改革方面的探索

近年来，为了应对人们日益关注的食品安全问题，我国政府和相关部门在学习借鉴发达国家在食品安全监管方面的经验和教训的基础之上，结合我国现实情况，也积极地进行了一些食品安全监管体制与机制改革方面的尝试。其具体探索如下：

我国政府意识到分段监管带来的问题，于2003年4月成立了国家食品药品监督管理局，意在协调有关各监管部门的职能，但是由于实际的职能分散在各个专业部门，并且国家食品药品监督管理局对相关部门没有领导隶属关系以及缺乏协调所需的资源和能力，所谓的协调功能难以履行。

2004年底，作为国务院确定的食品安全监管体制改革的试点城市之一的上海市开始分步推进实施改革方案，尝试建立起一个部门牵头的食品卫生监管体系，将食品从田头到餐桌的安全链划分成种植养殖、生产加工和流通消费三个环节，分别由上海市农业委员会，市质量技术监督局和市食品药品监督管理局三大部门负责全面监管。基本确立了以食品药品监管局为主体的、系统性的食品安全监管构架。改革的第一步先将原先由卫生部门负责的食品流通和消费环节（包括餐饮业、食堂等）以及保健食品（包括化妆品）的生产加工、流通和消费环节的监管职责划归食品药品监管部门，现卫生部门中涉及食品卫生的机构、人员编制、经费、装备以及业务用房划归食品药品监管部门。食品药品监管部门实行市区两级垂直管理。在这样一个架构设计中，卫生部门不再承担包括发放卫生许可证、行政检查、行政处罚和行政强制等食品安全方面的监管职责。我国《食品卫生法》授予卫生部门的对食品流通、消费环节和保健食品生产环节的市场经营主体和经营活动的监管职责，由食品药品监管部门承担。与此同时，除已明确的市食品药品监管局职责外，还对相关部门涉及食品安全监管的职责分工作了调整：比如市质量技术监督局负责除保健食品（包括化妆品）以外的食品生产加工环节的监管；市农委负责初级农产品生产环节的监管；市工商局负责食品生产、流通和消费环节企业营业执照的发放和无证经营活动的查处、取缔；其他相关部门职责不变。此外，改革方案还明确了体制改革涉及的机构编制、经费和人员调整等问题。从目前的情况来看，上海作为食品安全监管体制改革的一个试点城市，应该是比较成功的。上海改革的最终目的，还是要通过分阶段的改革，最终在食品的生产加工、流通和消费环节形成由一个部门为主的综合性、专业化、成体系的监管模式，使整个食品安全监管体制趋于统一和高效。

2008年3月11日，国务院提请全国人大审议了国务院机构改革方案，国家食品药品监督管理局改由卫生部管理，期望理顺我国的食品药品监管体制。此次改革，明确由卫生部承担食品安全综合协调、组织查处食品安全重大事故的责任，同时将国家食品药品监督管理局改由卫生部管理，并相应对食品安全监管队伍进行整合。调整食品药品管理职能，卫生部负责组织制定食品安全标准、药品法典，建立国家基本药物制度；国家食品药品监督管理局负责食品卫生许可，监管餐饮业、食堂等消费环节食品安全，监管药品的科研、生产、流通、使用和药品安全等。

2008年9月1日，《卫生部主要职责、内设机构和人员编制规定》通过了国务院常务会议审议。根据国务院批复卫生部的"三定"规定，卫生部的职责、内设机构和人员编制主要有以下几个方面的调整：

首先，明确卫生部管理国家食品药品监督管理局和国家中医药管理局。

其次，调整部分职责。将综合协调食品安全、组织查处食品安全重大事故的职责由国家食品药品监督管理局划入卫生部；将食品卫生许可，餐饮业、食堂等消费环节食品安全监管和保健食品、化妆品卫生监督管理职责由卫生部划给国家食品药品监督管理局；将卫生行业科技成果鉴定工作和多种产品的技术评估工作分别交给市场中介组织和事业单位承担。同时，增加卫生部组织制定食品安全标准、药品法典，建立国家基本药物制度的职责，强化卫生部对医疗服务、公立医疗机构的监管职责。

再次，调整部分内设机构。在卫生部原有内设司局的基础上，增设"医疗服务监管司"和"药物政策与基本药物制度司"，并将"卫生监督局"调整为"食品安全综合协调与卫生监督局"，同时增加了部分行政编制。

此外，明确相关部门在食品安全监管方面的职责分工。"三定"明确规定，卫生部牵头建立食品安全综合协调机制，负责食品安全的综合监督；农业部负责农产品生产环节的监管；国家质量监督检验检疫总局负责食品生产加工环节和进出口食品安全的监管；国家工商行政管理总局负责食品流通环节的监管；卫生部承担食品安全综合协调、组织查处食品安全重大事故的责任。

2009年2月28日，第十一届全国人民代表大会常务委员会第七次会议通过《中华人民共和国食品安全法》，并于2009年6月1日起正式实施。这部经过了四审、横跨三年、历时一年多，千呼万唤的《食品安全法》体现了预防为主、科学管理、明确责任、综合治理的食品安全工作指导思想，确立了食品安全风险监测和风险评估制度、食品安全标准制度、食品生产经营行为的基本准则、索证索票制度、不安全食品召回制度、食品安全信息发布制度，明确了分工负责与统一协调相结合的食品安全监管体制，为全面加强和改进食品安全工作，实现全程监管、科学监管，提高监管成效、提升食品安全水平，提供了法律制度保障。《食品安全法》的公布施行，对于保证食品安全，保障公众身体健康和生命安全，具有重要意义。特别值得注意的是其中针对多头监管、政出多门的现状，《食品安全法》对现行的食品安全监管体制进行了调整，明确规定，国务院设立食品安全委员会。该委员会作为高层次的议事协调机构，对食品安全监管工作进行协调和指导。

2009年，根据国务院机构改革的有关精神，深圳市对政府机构实行了大刀阔斧的改革。按照新的机构职能划分，深圳市将原来分别属于质监、工商和卫生部门的生产、流通和餐饮环节食品安全的监管职能统一到了一个新成立的机构——深圳市市场监督管理局。市场监管局被赋予了食品生产、流通和消费三个环节的监管职能，从机制上打通了三个环节的监管链条，使这三个环节成为一个密不可分的整体，这将充分发挥三个环节的统筹优势，努力地从系统、整体的角度来谋划和设计涵盖生产、流通和消费三个环节的监管流程、规范，逐步建立协调、高效的食品安全监管模式。

2010年2月9日，国务院食品安全委员会召开第一次全体会议。中共中央政治局常委、国务院副总理李克强出任国务院食品安全委员会主任。食品安全委员会作为国务院食品安全工作的高层次议事协调机构，有15个部门参加，主要职责是：分析食品安全形势，研究部署、统筹指导食品安全工作；提出食品安全监管的重大政策措施；督促落实食品安全监管责任。同时，设立国务院食品安全委员会办公室，具体承担委员会的日常工作。

2011年10月10日，国务院下发《国务院办公厅关于调整省级以下工商质检行政管理体制加强食品安全问题监管有关问题的通知》（国发办［2011］48号）的文件，要求省级以下工商、质检系统在业务上接受上级部门指导，但在人员编制、组织任免等方面，纳入同级政府管辖，实施属地化管理。面对近年来频发的食品安全事件，国务院终于开始对食品安全行政监管体制进行改革，而自1999年以来执行的"省级以下工商、质检垂直管理"的监管制度，在运行13年之后，于2011年10月"寿终正寝"。省级以下工商、质监系统将由"垂直管理"改为"地方政府分级管理体制"。

＃附录4 常用的 Multi-Agent 仿真工具

自从20世纪90年代美国桑塔费研究所（Santa Fe Institute, SFI）为复杂系统建模设计出软件平台 Swarm 以来，许多大学和研究机构投身于类似系统平台的开发工作中，陆续出现了不少 Multi-Agent 仿真软件。下面对几种有较大影响的 Multi-Agent 仿真工具进行介绍。

1. Swarm

从1994年开始，桑塔费研究所开发一个称为 Swarm 的模拟软件工具集，用来帮助科学家们分析复杂适应系统。1995年 SFI 发布了 Swarm 的 beta 版。Swarm 最初只能在 Unix 操作系统和 X Windows 界面下运行。1998年4月，推出了可以在 Windows 95/98/NT 上运行的版本。1999年，Swarm 又提供了对 Java 的支持，从而使 Swarm 越来越有利于非计算机专业的人士使用。用户可以使用 Swarm 提供的类库构建模拟系统，使系统中的主体和元素通过离散事件进行交互。2004年6月 Swarm2.1.1 版本发布，从而使 Swarm 可以在 Windows XP 系统上运行。目前 Swarm 的最新版本为2.2版，并已获得 GNU 公共许可证，所有文档实例、软件与开发工具的 Alla 组件、可执行部件和源代码都可以免费获取。

Swarm 可以用于广泛的研究领域，比如说生物学、经济学、物理学、化学和生态学等。Swarm 的整个思想是提供一个执行环境，在这个环境中，大量的对象能够"生活"，并以一种分布式的并行方式互相作用。Swarm 建立一种机制，多个时间线程可以互相作用。Swarm 支持分级建模方法，具有递归结构。在嵌套中，个体可由其他个体的 Swarms 所组成。父 Swarm 可以由子 Swarm （Subswarm）组成。Swarm 提供了面向对象的可重用组件库，用来建模并进行分析，显示以及对实验进行控制。

通常情况下，一个 Swarm 模型包括了模型 Swarm（Model Swarm）、观察者 Swarm（Observer Swarm）、模拟 Agent（Individual Agent）和环境（Environment）。Swarm 可以将模型的数据收集和实现进行分离。Model Swarm 中的每一个对象对应模型世界中的每一个主体。Model Swarm 包括模型中行为的时间表。Model Swarm 还包括一系列输入和输出。输入的是模型参数，如对象的个数、初始值等；输出的是要观测的变量的值及模型的运行结果。Observer Swarm 包括一组个体和一个行为时间表。Observer Swarm 的个体是用来观测的探测器以及输出界面，如图表、二维格点等。Observer Swarm 的行为时间表用来描述各探测器采样的间隔和顺序。先建 Observer Swarm，在 Observer Swarm 中建立 Model Swarm 作为自身一个子 Swarm，并为它分配内存空间。Model Swarm 建立模型的主体以及主体的行为。

Swarm 有 7 个核心库：Defobj、Collection、Random、Kkobjc、Activity、Swarmobject 和 Simtool。前四个是支持库，有可能在 Swarm 之外用到；后三个是 Swarm 专有的类库。

参考网站：http://www.swarm.org；http://www.santafe.edu

2. Repast

Repast（Recursive Porous Agent Simulation Toolkit）是一种在 Java 语言环境下，设计生成基于主体的计算机模拟软件架构，它是由芝加哥大学的社会科学计算研究中心开发研制的。Repast 的设计目标是使用的方便性和较短的学习周期，以及可扩展性。它提供了一系列的生成、运行主体，显示和收集其数据的类库。Repast 还能够对运行中的模型进行"快照"以及生成模型运行的影像资料。Repast 从 Swarm 模拟工具集中借鉴了不少的设计结构和方法，可以说，它是一个"类 Swarm"的模拟软件架构。

Repast 的设计思想是常见的概念：建立一个像状态机的模拟模

型，这种核心状态由它所有的成员的集体性的状态属性组成。这些成员可以被划分为底层结构和表层结构。底层结构是各种各样的模拟基本运行软件块、显示和收集数据软件块。而表层结构是那些模拟模型设计者创立的模拟模型。Repast 含有近 130 个类，这些类封装在 6 个库中，还有许多模拟模型实例。这些类库的功能如下：

（1）分析库（Analysis），在分析库中的类用来聚集、记录数据以及建立数据表。

（2）引擎库（Engine），引擎类负责建立、操纵以及运行一个模拟模型。

（3）游戏库（Games），游戏库中包含了一些如囚徒问题等程序。

（4）图形用户界面库（GUI），GUI 负责实现模拟模型的图形可视化，包括提供显示情况的快照功能以及模型运行整个时期的多媒体电影影像资料。

（5）空间库（Space），空间类是表述各种空间的基础容量类。这些类通过恰当的接口有效地描述了各种类型的空间。空间库和在 GUI 库中的显示类联合工作，从而实现了它们所包含的空间以及对象的可视化。

（6）Util 类库，即实用工具包，该类提供一些产生表单，显示信息对话框等常用静态方法。

Repast 含有两个比较典型的内部机制：时间序列机制和图形用户界面（GUI-graphic user interface）机制。

参考网站：http：//repast. sourceforge. net/

3. AnyLogic

AnyLogic 是唯一支持所有当今最常用模拟方法的工具：系统动力学、流程导向型（又叫离散事件）以及基于主体的建模，其最新版本为 6.6.0 版。其建模语言独特的灵活性能让用户详细捕捉到纷繁复杂的商业、经济和社会系统。AnyLogic 的图形界面、工具和对象库能让用户快速实现不同领域的建模，如制造业和物流业、业务流程、人力资源、消费者或病人的行为。AnyLogic 支持面向对象的模型设计范式，此范式为大型模型提供模块化、层次化和增量的构造。

AnyLogic 6 基于创新的 Eclipse 框架，此框架已被世界龙头企业作为业务应用平台所使用。在 Eclipse 框架内，AnyLogic 可以运行所有流行的操作系统像 Windows、Mac、Linux 等。

AnyLogic 支持协作和团队合作。一个大型项目可以分成很多部分，由不同的建模者进行开发。在 AnyLogic 工作区，模型可以同时打开，并可直接从模型开发环境升级到版本控制系统内。

AnyLogic 6 仿真引擎经过重新设计和完善，该模型现在的运行速度比版本 5 快 5～20 倍。并且大幅度降低了所有模型构造的内存占用，这对基于主体的建模尤其重要。你现在可以在一个现代工作站上运行几百万个主体。换句话说，你可以模拟出一个大城市的全部人口，且每个人拥有自身特点。

带有动画的交互式图形用户界面是 AnyLogic 的一个重要组成部分。动画编辑器是模型开发环境的一部分，动画编辑器支持大量不同的图形、界面设计控件（按钮、滑块、文本输入等），并且可导入作为元素和背景的图像和 CAD 文件。AnyLogic 动画具有可缩放的动态等级结构。你可以创造出一个完整的生产流程，在其中设计一些综合指数，制作某项操作的详细动画，并且可以在它们之间灵活转换。

AnyLogic 包含广泛的数据分析和商业图表元素如柱形图、饼图、堆叠图、时距图和柱状图。在模拟运行期间，这些设计能有效地对数据进行加工，使这些不断变化的数据更加一目了然。

AnyLogic 将 Java 语言运用于复杂的数据结构定义、算法和外部链接。如果有必要，建模者可以使用 Java 代码来扩展 AnyLogic 图形结构功能，那将提供无限的灵活性。为了方便用户，AnyLogic 提供全部的 Eclipse Java "代码完成"。无论你在何地输入，AnyLogic 会建议哪些变量和函数可运用于此，这样就消除了拼写错误，也不需要参考模型和 Java 的其他部分。Java 让 AnyLogic 模型真正实现了跨平台。此外，它们甚至可以作为应用小程序发布，在网页浏览器上进行远程运行。这些模型可以集成到更大的 IT 基础设施中，如企业决策支持系统。

一旦完成仿真模型，建模者将会用它来定义和运行各种实验。AnyLogic 支持多种实验形式：模拟、对比运行、参数变化、蒙特卡罗分析、灵敏度分析和优化。你可以对这些实验形式进行组合或者创建自定义实验形式。AnyLogic 包含了 OptTek 系统公司开发的完全集成的最新版本的优化器 Java OptQuest。这是专门为仿真模型设计的，支持不稳定状态下的优化。你也可以使用优化器通过历史数据来校准你的模型。

参考网站：http://www.anylogic.cn

4. TNG Lab

TNG Lab（Trade Network Game Lab）称为商业网络博弈实验室，是由美国爱荷华州立大学的 McFadzean、Stewart 和 Tesfatsion 教授用 C++开发的，为了研究在一个多样化的市场环境下的商业网络构成而设计的一个特殊的可计算实验室。它包括买家、卖家和经销商，他们重复地选择更合适的商业伙伴，参与到无合作博弈的有风险的交易中，并随时间推移进化他们的商业策略。它有标准的组件，可扩展，操作简单，适于进行经济研究和教学。它是在 Windows 下运行的。

TNG Lab 的最上层是由一个图形用户界面组成，它显示主要市场参量值的变化，如每种类型的商人的数量、容量的限制、商业业务报酬、交易成本、呈休止状态的成本、学习参量以及商业期间的数量和长度。这些市场性能指标量结果可以通过一个实时的数据表、图表和动画呈现出来。

这个上层操作是由三个底层模块来支持的，这三个底层模块由一般的类结构（SimBioSys 类结构）、扩展的类（TNG/SimBioSys，提供了实现 TNG Lab 市场协议和行为准则的扩展）和事件模型（TNG/COM）组成。这些底层模块是可扩展并有标准组件的，使更有经验的用户可以完成更宽泛的应用研究。

在 TNG 中的每一个商人都是作为一个自治的主体，具有内在的社会规范（市场协议）、对内在状况信息的存储以及内在行为准则。尽管每一个商人都具有相同的一般内在结构,但是商人的类型可以根据他们特殊的市场协议、安装属性以及初始的天资来相互区分;并且每一个商人都能够获得不同的状态信息,并基于他自己独特的过去的经验随时间进化不同的商业行为准则。在 TNG 中的活动被分为一些"阶段"的序列。在初始阶段,要根据商人的类型,赋给每一个商人一个"个性"(在他的商业交互中控制他的行为的准则);一个对他的每一个潜在的商业合作者的初始的期望效用估计;以及一个在任何给定的时间他能够接受或提供的商务意向的数量上的容量限制。然后,商人们便重复地参与到一定数量的循环中的三种类型的活动中:(1)基于现有的期望效用估计选择并决定更合适的商业伙伴匹配;(2)与合作伙伴进行交易并交互作用,模拟了无合作博弈;(3)对于期望效用估计的更新,考虑以新的方式发生的搜寻成本,休止状态成本和交易报酬。随后,每一个类型的商人将分别基于由这些准则,战略地更改其商业行为准则,从而一个新的阶段产生。现在,TNG Lab 已经用来进行对劳动力市场中的市场支配力、劳动生产率、失业率以及福利水平等问题的研究。

参考网站:http://www.econ.iastate.edu/tesfatsi

5. Ascape

Ascape(Agent Landscape)是布鲁金斯研究所(The Brookings Institution)的 Miles T. Parker 开发的基于主体的建模平台,用来设计和分析基于主体的模型。它完全用 Java 编写,可以提供很大的参数配置选择,并且可利用 Java 中强大的类型定义和习语。Ascape 主要是为了建立社会经济系统的模型。

Ascape 和许多基于主体研究所使用的其他建模工具有很多相似点。Ascape 设计目标有以下 7 个:

(1)它应该是有表达力的,可以用尽可能少的描述来定义一个完整的模型。

(2)它应该是通用的,可以用多种方式表达同样的基础建模思想,然后用不同的环境和配置来测试这些思想;适用于很多领域的问题；拥有尽可能常用的特征：图表、模型视图、参数控制工具等，以及大量的常用结构和行为的类库。

（3）它的功能应该是强大的，可以提供给高水平用户导向型工具，使其不用编程就可实现模型交互，它也能对复杂的系统建模编程。

（4）为支持上述这些目标，它应该是抽象的，它可以封装建模思想和方法论，能够不影响其他方面而在模型的某一方面进行重大的改动，比如改变维数、拓扑结构、规则、结构以及规则的执行命令；可以促进探索和试验，允许模型的设计和工具的简单混合与匹配。

（5）简单适用。用户只需由小部分的专家、大部分潜在的聪明用户组成。尽管有挫败但不会有继续使用的障碍。

（6）功能健全。只可能在编译的时候出现中断，中断就给出问题报告，不会在运行时中断。

（7）快速。Ascape 的设计关键在于抽象和 Scapes。首先，Scapes 本质上是功能强大的主体的集合。模型都是由 Scapes 和主体的层次组成的。Ascape 中的第二个重要的抽象是，Scape 结构对于主体来说是隐藏的。最后一个抽象是，行为仅仅通过 Scapes 发生。

参考网站：http://ascape.sourceforge.net/

附录5 中华人民共和国食品安全法

(2009年2月28日第十一届全国人民代表大会常务委员会第七次会议通过)

目 录

第一章　总则
第二章　食品安全风险监测和评估
第三章　食品安全标准
第四章　食品生产经营
第五章　食品检验
第六章　食品进出口
第七章　食品安全事故处置
第八章　监督管理
第九章　法律责任
第十章　附则

第一章　总　则

第一条 为保证食品安全，保障公众身体健康和生命安全，制定本法。

第二条 在中华人民共和国境内从事下列活动，应当遵守本法：

（一）食品生产和加工（以下称食品生产），食品流通和餐饮服务（以下称食品经营）；

（二）食品添加剂的生产经营；

（三）用于食品的包装材料、容器、洗涤剂、消毒剂和用于食品生产经营的工具、设备（以下称食品相关产品）的生产经营；

（四）食品生产经营者使用食品添加剂、食品相关产品；

（五）对食品、食品添加剂和食品相关产品的安全管理。

供食用的源于农业的初级产品（以下称食用农产品）的质量安全管理，遵守《中华人民共和国农产品质量安全法》的规定。但是，制定有关食用农产品的质量安全标准、公布食用农产品安全有关信息，应当遵守本法的有关规定。

第三条 食品生产经营者应当依照法律、法规和食品安全标准从事生产经营活动，对社会和公众负责，保证食品安全，接受社会监督，承担社会责任。

第四条 国务院设立食品安全委员会，其工作职责由国务院规定。

国务院卫生行政部门承担食品安全综合协调职责，负责食品安全风险评估、食品安全标准制定、食品安全信息公布、食品检验机构的资质认定条件和检验规范的制定，组织查处食品安全重大事故。

国务院质量监督、工商行政管理和国家食品药品监督管理部门依照本法和国务院规定的职责，分别对食品生产、食品流通、餐饮服务活动实施监督管理。

第五条 县级以上地方人民政府统一负责、领导、组织、协调本行政区域的食品安全监督管理工作，建立健全食品安全全程监督管理的工作机制；统一领导、指挥食品安全突发事件应对工作；完善、落实食品安全监督管理责任制，对食品安全监督管理部门进行评议、考核。

县级以上地方人民政府依照本法和国务院的规定确定本级卫生行政、农业行政、质量监督、工商行政管理、食品药品监督管理部门的食品安全监督管理职责。有关部门在各自职责范围内负责本行政区域的食品安全监督管理工作。

上级人民政府所属部门在下级行政区域设置的机构应当在所在地人民政府的统一组织、协调下，依法做好食品安全监督管理工作。

第六条 县级以上卫生行政、农业行政、质量监督、工商行政管理、食品药品监督管理部门应当加强沟通、密切配合，按照各自职责分工，依法行使职权，承担责任。

第七条 食品行业协会应当加强行业自律，引导食品生产经营者依法生产经营，推动行业诚信建设，宣传、普及食品安全知识。

第八条 国家鼓励社会团体、基层群众性自治组织开展食品安全法律、法规以及食品安全标准和知识的普及工作，倡导健康的饮食方式，增强消费者食品安全意识和自我保护能力。

新闻媒体应当开展食品安全法律、法规以及食品安全标准和知识的公益宣传，并对违反本法的行为进行舆论监督。

第九条 国家鼓励和支持开展与食品安全有关的基础研究和应用研究，鼓励和支持食品生产经营者为提高食品安全水平采用先进技术和先进管理规范。

第十条 任何组织或者个人有权举报食品生产经营中违反本法的行为，有权向有关部门了解食品安全信息，对食品安全监督管理工作提出意见和建议。

第二章 食品安全风险监测和评估

第十一条 国家建立食品安全风险监测制度，对食源性疾病、食品污染以及食品中的有害因素进行监测。

国务院卫生行政部门会同国务院有关部门制定、实施国家食品安全风险监测计划。省、自治区、直辖市人民政府卫生行政部门根据国家食品安全风险监测计划，结合本行政区域的具体情况，组织制定、实施本行政区域的食品安全风险监测方案。

第十二条 国务院农业行政、质量监督、工商行政管理和国家食品药品监督管理等有关部门获知有关食品安全风险信息后，应当立即向国务院卫生行政部门通报。国务院卫生行政部门会同有关部门对信息核实后，应当及时调整食品安全风险监测计划。

第十三条 国家建立食品安全风险评估制度，对食品、食品添加剂中生物性、化学性和物理性危害进行风险评估。

国务院卫生行政部门负责组织食品安全风险评估工作，成立由医学、农业、食品、营养等方面的专家组成的食品安全风险评估专家委员会进行食品安全风险评估。

对农药、肥料、生长调节剂、兽药、饲料和饲料添加剂等的安全性评估，应当有食品安全风险评估专家委员会的专家参加。

食品安全风险评估应当运用科学方法，根据食品安全风险监测信息、科学数据以及其他有关信息进行。

第十四条 国务院卫生行政部门通过食品安全风险监测或者接到举报发现食品可能存在安全隐患的，应当立即组织进行检验和食品安全风险评估。

第十五条 国务院农业行政、质量监督、工商行政管理和国家食品药品监督管理等有关部门应当向国务院卫生行政部门提出食品安全风险评估的建议，并提供有关信息和资料。

国务院卫生行政部门应当及时向国务院有关部门通报食品安全风险评估的结果。

第十六条 食品安全风险评估结果是制定、修订食品安全标准和对食品安全实施监督管理的科学依据。

食品安全风险评估结果得出食品不安全结论的，国务院质量监督、工商行政管理和国家食品药品监督管理部门应当依据各自职责立即采取相应措施，确保该食品停止生产经营，并告知消费者停止食用；需要制定、修订相关食品安全国家标准的，国务院卫生行政部门应当立即制定、修订。

第十七条 国务院卫生行政部门应当会同国务院有关部门，根据食品安全风险评估结果、食品安全监督管理信息，对食品安全状况进行综合分析。对经综合分析表明可能具有较高程度安全风险的食品，国务院卫生行政部门应当及时提出食品安全风险警示，并予以公布。

第三章 食品安全标准

第十八条 制定食品安全标准，应当以保障公众身体健康为宗旨，做到科学合理、安全可靠。

第十九条 食品安全标准是强制执行的标准。除食品安全标准外，不得制定其他的食品强制性标准。

第二十条 食品安全标准应当包括下列内容：

（一）食品、食品相关产品中的致病性微生物、农药残留、兽药残留、重金属、污染物质以及其他危害人体健康物质的限量规定；

（二）食品添加剂的品种、使用范围、用量；

（三）专供婴幼儿和其他特定人群的主辅食品的营养成分要求；

（四）对与食品安全、营养有关的标签、标识、说明书的要求；

（五）食品生产经营过程的卫生要求；

（六）与食品安全有关的质量要求；

（七）食品检验方法与规程；

（八）其他需要制定为食品安全标准的内容。

第二十一条 食品安全国家标准由国务院卫生行政部门负责制定、公布，国务院标准化行政部门提供国家标准编号。

食品中农药残留、兽药残留的限量规定及其检验方法与规程由国务院卫生行政部门、国务院农业行政部门制定。

屠宰畜、禽的检验规程由国务院有关主管部门会同国务院卫生行政部门制定。

有关产品国家标准涉及食品安全国家标准规定内容的，应当与食品安全国家标准相一致。

第二十二条 国务院卫生行政部门应当对现行的食用农产品质量安全标准、食品卫生标准、食品质量标准和有关食品的行业标准中强制执行的标准予以整合，统一公布为食品安全国家标准。

本法规定的食品安全国家标准公布前，食品生产经营者应当按照现行食用农产品质量安全标准、食品卫生标准、食品质量标准和有关食品的行业标准生产经营食品。

第二十三条 食品安全国家标准应当经食品安全国家标准审评委员会审查通过。食品安全国家标准审评委员会由医学、农业、食品、营养等方面的专家以及国务院有关部门的代表组成。

制定食品安全国家标准，应当依据食品安全风险评估结果并充分考虑食用农产品质量安全风险评估结果,参照相关的国际标准和国际食品安全风险评估结果,并广泛听取食品生产经营者和消费者的意见。

第二十四条 没有食品安全国家标准的,可以制定食品安全地方标准。

省、自治区、直辖市人民政府卫生行政部门组织制定食品安全地方标准,应当参照执行本法有关食品安全国家标准制定的规定,并报国务院卫生行政部门备案。

第二十五条 企业生产的食品没有食品安全国家标准或者地方标准的,应当制定企业标准,作为组织生产的依据。国家鼓励食品生产企业制定严于食品安全国家标准或者地方标准的企业标准。企业标准应当报省级卫生行政部门备案,在本企业内部适用。

第二十六条 食品安全标准应当供公众免费查阅。

第四章 食品生产经营

第二十七条 食品生产经营应当符合食品安全标准,并符合下列要求:

(一)具有与生产经营的食品品种、数量相适应的食品原料处理和食品加工、包装、贮存等场所,保持该场所环境整洁,并与有毒、有害场所以及其他污染源保持规定的距离;

(二)具有与生产经营的食品品种、数量相适应的生产经营设备或者设施,有相应的消毒、更衣、盥洗、采光、照明、通风、防腐、防尘、防蝇、防鼠、防虫、洗涤以及处理废水、存放垃圾和废弃物的设备或者设施;

(三)有食品安全专业技术人员、管理人员和保证食品安全的规章制度;

(四)具有合理的设备布局和工艺流程,防止待加工食品与直接入口食品、原料与成品交叉污染,避免食品接触有毒物、不洁物;

(五)餐具、饮具和盛放直接入口食品的容器,使用前应当洗净、消毒,炊具、用具用后应当洗净,保持清洁;

（六）贮存、运输和装卸食品的容器、工具和设备应当安全、无害，保持清洁，防止食品污染，并符合保证食品安全所需的温度等特殊要求，不得将食品与有毒、有害物品一同运输；

（七）直接入口的食品应当有小包装或者使用无毒、清洁的包装材料、餐具；

（八）食品生产经营人员应当保持个人卫生，生产经营食品时，应当将手洗净，穿戴清洁的工作衣、帽；销售无包装的直接入口食品时，应当使用无毒、清洁的售货工具；

（九）用水应当符合国家规定的生活饮用水卫生标准；

（十）使用的洗涤剂、消毒剂应当对人体安全、无害；

（十一）法律、法规规定的其他要求。

第二十八条 禁止生产经营下列食品：

（一）用非食品原料生产的食品或者添加食品添加剂以外的化学物质和其他可能危害人体健康物质的食品，或者用回收食品作为原料生产的食品；

（二）致病性微生物、农药残留、兽药残留、重金属、污染物质以及其他危害人体健康的物质含量超过食品安全标准限量的食品；

（三）营养成分不符合食品安全标准的专供婴幼儿和其他特定人群的主辅食品；

（四）腐败变质、油脂酸败、霉变生虫、污秽不洁、混有异物、掺假掺杂或者感官性状异常的食品；

（五）病死、毒死或者死因不明的禽、畜、兽、水产动物肉类及其制品；

（六）未经动物卫生监督机构检疫或者检疫不合格的肉类，或者未经检验或者检验不合格的肉类制品；

（七）被包装材料、容器、运输工具等污染的食品；

（八）超过保质期的食品；

（九）无标签的预包装食品；

（十）国家为防病等特殊需要明令禁止生产经营的食品；

（十一）其他不符合食品安全标准或者要求的食品。

第二十九条 国家对食品生产经营实行许可制度。从事食品生产、食品流通、餐饮服务，应当依法取得食品生产许可、食品流通许可、餐饮服务许可。

取得食品生产许可的食品生产者在其生产场所销售其生产的食品，不需要取得食品流通的许可；取得餐饮服务许可的餐饮服务提供者在其餐饮服务场所出售其制作加工的食品，不需要取得食品生产和流通的许可；农民个人销售其自产的食用农产品，不需要取得食品流通的许可。

食品生产加工小作坊和食品摊贩从事食品生产经营活动，应当符合本法规定的与其生产经营规模、条件相适应的食品安全要求，保证所生产经营的食品卫生、无毒、无害，有关部门应当对其加强监督管理，具体管理办法由省、自治区、直辖市人民代表大会常务委员会依照本法制定。

第三十条 县级以上地方人民政府鼓励食品生产加工小作坊改进生产条件；鼓励食品摊贩进入集中交易市场、店铺等固定场所经营。

第三十一条 县级以上质量监督、工商行政管理、食品药品监督管理部门应当依照《中华人民共和国行政许可法》的规定，审核申请人提交的本法第二十七条第一项至第四项规定要求的相关资料，必要时对申请人的生产经营场所进行现场核查；对符合规定条件的，决定准予许可；对不符合规定条件的，决定不予许可并书面说明理由。

第三十二条 食品生产经营企业应当建立健全本单位的食品安全管理制度，加强对职工食品安全知识的培训，配备专职或者兼职食品安全管理人员，做好对所生产经营食品的检验工作，依法从事食品生产经营活动。

第三十三条 国家鼓励食品生产经营企业符合良好生产规范要求，实施危害分析与关键控制点体系，提高食品安全管理水平。

对通过良好生产规范、危害分析与关键控制点体系认证的食品生产经营企业，认证机构应当依法实施跟踪调查；对不再符合认证要求的企业，应当依法撤销认证，及时向有关质量监督、工商行政管理、食品药品监督管理部门通报,并向社会公布。认证机构实施跟踪调查不收取任何费用。

第三十四条 食品生产经营者应当建立并执行从业人员健康管理制度。患有痢疾、伤寒、病毒性肝炎等消化道传染病的人员,以及患有活动性肺结核、化脓性或者渗出性皮肤病等有碍食品安全的疾病的人员,不得从事接触直接入口食品的工作。

食品生产经营人员每年应当进行健康检查,取得健康证明后方可参加工作。

第三十五条 食用农产品生产者应当依照食品安全标准和国家有关规定使用农药、肥料、生长调节剂、兽药、饲料和饲料添加剂等农业投入品。食用农产品的生产企业和农民专业合作经济组织应当建立食用农产品生产记录制度。

县级以上农业行政部门应当加强对农业投入品使用的管理和指导,建立健全农业投入品的安全使用制度。

第三十六条 食品生产者采购食品原料、食品添加剂、食品相关产品,应当查验供货者的许可证和产品合格证明文件;对无法提供合格证明文件的食品原料,应当依照食品安全标准进行检验;不得采购或者使用不符合食品安全标准的食品原料、食品添加剂、食品相关产品。

食品生产企业应当建立食品原料、食品添加剂、食品相关产品进货查验记录制度,如实记录食品原料、食品添加剂、食品相关产品的名称、规格、数量、供货者名称及联系方式、进货日期等内容。

食品原料、食品添加剂、食品相关产品进货查验记录应当真实,保存期限不得少于二年。

第三十七条 食品生产企业应当建立食品出厂检验记录制度,查验出厂食品的检验合格证和安全状况,并如实记录食品的名称、规格、数量、生产日期、生产批号、检验合格证号、购货者名称及联系方式、销售日期等内容。

食品出厂检验记录应当真实,保存期限不得少于二年。

第三十八条 食品、食品添加剂和食品相关产品的生产者,应当依照食品安全标准对所生产的食品、食品添加剂和食品相关产品进行检验,检验合格后方可出厂或者销售。

第三十九条 食品经营者采购食品,应当查验供货者的许可证和食品合格的证明文件。

食品经营企业应当建立食品进货查验记录制度,如实记录食品的名称、规格、数量、生产批号、保质期、供货者名称及联系方式、进货日期等内容。

食品进货查验记录应当真实,保存期限不得少于二年。

实行统一配送经营方式的食品经营企业,可以由企业总部统一查验供货者的许可证和食品合格的证明文件,进行食品进货查验记录。

第四十条 食品经营者应当按照保证食品安全的要求贮存食品,定期检查库存食品,及时清理变质或者超过保质期的食品。

第四十一条 食品经营者贮存散装食品,应当在贮存位置标明食品的名称、生产日期、保质期、生产者名称及联系方式等内容。

食品经营者销售散装食品,应当在散装食品的容器、外包装上标明食品的名称、生产日期、保质期、生产经营者名称及联系方式等内容。

第四十二条 预包装食品的包装上应当有标签。标签应当标明下列事项:

(一) 名称、规格、净含量、生产日期;

(二) 成分或者配料表;

(三) 生产者的名称、地址、联系方式;

(四) 保质期;

(五) 产品标准代号;

(六) 贮存条件;

(七) 所使用的食品添加剂在国家标准中的通用名称;

(八) 生产许可证编号;

(九) 法律、法规或者食品安全标准规定必须标明的其他事项。

专供婴幼儿和其他特定人群的主辅食品,其标签还应当标明主要营养成分及其含量。

第四十三条 国家对食品添加剂的生产实行许可制度。申请食品添加剂生产许可的条件、程序，按照国家有关工业产品生产许可证管理的规定执行。

第四十四条 申请利用新的食品原料从事食品生产或者从事食品添加剂新品种、食品相关产品新品种生产活动的单位或者个人，应当向国务院卫生行政部门提交相关产品的安全性评估材料。国务院卫生行政部门应当自收到申请之日起六十日内组织对相关产品的安全性评估材料进行审查；对符合食品安全要求的，依法决定准予许可并予以公布；对不符合食品安全要求的，决定不予许可并书面说明理由。

第四十五条 食品添加剂应当在技术上确有必要且经过风险评估证明安全可靠，方可列入允许使用的范围。国务院卫生行政部门应当根据技术必要性和食品安全风险评估结果，及时对食品添加剂的品种、使用范围、用量的标准进行修订。

第四十六条 食品生产者应当依照食品安全标准关于食品添加剂的品种、使用范围、用量的规定使用食品添加剂；不得在食品生产中使用食品添加剂以外的化学物质和其他可能危害人体健康的物质。

第四十七条 食品添加剂应当有标签、说明书和包装。标签、说明书应当载明本法第四十二条第一款第一项至第六项、第八项、第九项规定的事项，以及食品添加剂的使用范围、用量、使用方法，并在标签上载明"食品添加剂"字样。

第四十八条 食品和食品添加剂的标签、说明书，不得含有虚假、夸大的内容，不得涉及疾病预防、治疗功能。生产者对标签、说明书上所载明的内容负责。

食品和食品添加剂的标签、说明书应当清楚、明显，容易辨识。

食品和食品添加剂与其标签、说明书所载明的内容不符的，不得上市销售。

第四十九条 食品经营者应当按照食品标签标示的警示标志、

警示说明或者注意事项的要求,销售预包装食品。

第五十条 生产经营的食品中不得添加药品,但是可以添加按照传统既是食品又是中药材的物质。按照传统既是食品又是中药材的物质的目录由国务院卫生行政部门制定、公布。

第五十一条 国家对声称具有特定保健功能的食品实行严格监管。有关监督管理部门应当依法履职,承担责任。具体管理办法由国务院规定。

声称具有特定保健功能的食品不得对人体产生急性、亚急性或者慢性危害,其标签、说明书不得涉及疾病预防、治疗功能,内容必须真实,应当载明适宜人群、不适宜人群、功效成分或者标志性成分及其含量等;产品的功能和成分必须与标签、说明书相一致。

第五十二条 集中交易市场的开办者、柜台出租者和展销会举办者,应当审查入场食品经营者的许可证,明确入场食品经营者的食品安全管理责任,定期对入场食品经营者的经营环境和条件进行检查,发现食品经营者有违反本法规定的行为的,应当及时制止并立即报告所在地县级工商行政管理部门或者食品药品监督管理部门。

集中交易市场的开办者、柜台出租者和展销会举办者未履行前款规定义务,本市场发生食品安全事故的,应当承担连带责任。

第五十三条 国家建立食品召回制度。食品生产者发现其生产的食品不符合食品安全标准,应当立即停止生产,召回已经上市销售的食品,通知相关生产经营者和消费者,并记录召回和通知情况。

食品经营者发现其经营的食品不符合食品安全标准,应当立即停止经营,通知相关生产经营者和消费者,并记录停止经营和通知情况。食品生产者认为应当召回的,应当立即召回。

食品生产者应当对召回的食品采取补救、无害化处理、销毁等措施,并将食品召回和处理情况向县级以上质量监督部门报告。

食品生产经营者未依照本条规定召回或者停止经营不符合食品安全标准的食品的,县级以上质量监督、工商行政管理、食品药品监督管理部门可以责令其召回或者停止经营。

第五十四条 食品广告的内容应当真实合法,不得含有虚假、夸大的内容,不得涉及疾病预防、治疗功能。

食品安全监督管理部门或者承担食品检验职责的机构、食品行业协会、消费者协会不得以广告或者其他形式向消费者推荐食品。

第五十五条 社会团体或者其他组织、个人在虚假广告中向消费者推荐食品,使消费者的合法权益受到损害的,与食品生产经营者承担连带责任。

第五十六条 地方各级人民政府鼓励食品规模化生产和连锁经营、配送。

第五章 食品检验

第五十七条 食品检验机构按照国家有关认证认可的规定取得资质认定后,方可从事食品检验活动。但是,法律另有规定的除外。

食品检验机构的资质认定条件和检验规范,由国务院卫生行政部门规定。

本法施行前经国务院有关主管部门批准设立或者经依法认定的食品检验机构,可以依照本法继续从事食品检验活动。

第五十八条 食品检验由食品检验机构指定的检验人独立进行。

检验人应当依照有关法律、法规的规定,并依照食品安全标准和检验规范对食品进行检验,尊重科学,恪守职业道德,保证出具的检验数据和结论客观、公正,不得出具虚假的检验报告。

第五十九条 食品检验实行食品检验机构与检验人负责制。食品检验报告应当加盖食品检验机构公章,并有检验人的签名或者盖章。食品检验机构和检验人对出具的食品检验报告负责。

第六十条 食品安全监督管理部门对食品不得实施免检。

县级以上质量监督、工商行政管理、食品药品监督管理部门应当对食品进行定期或者不定期的抽样检验。进行抽样检验,应当购买抽取的样品,不收取检验费和其他任何费用。

县级以上质量监督、工商行政管理、食品药品监督管理部门在执法工作中需要对食品进行检验的，应当委托符合本法规定的食品检验机构进行，并支付相关费用。对检验结论有异议的，可以依法进行复检。

第六十一条 食品生产经营企业可以自行对所生产的食品进行检验，也可以委托符合本法规定的食品检验机构进行检验。

食品行业协会等组织、消费者需要委托食品检验机构对食品进行检验的，应当委托符合本法规定的食品检验机构进行。

第六章 食品进出口

第六十二条 进口的食品、食品添加剂以及食品相关产品应当符合我国食品安全国家标准。

进口的食品应当经出入境检验检疫机构检验合格后，海关凭出入境检验检疫机构签发的通关证明放行。

第六十三条 进口尚无食品安全国家标准的食品，或者首次进口食品添加剂新品种、食品相关产品新品种，进口商应当向国务院卫生行政部门提出申请并提交相关的安全性评估材料。国务院卫生行政部门依照本法第四十四条的规定作出是否准予许可的决定，并及时制定相应的食品安全国家标准。

第六十四条 境外发生的食品安全事件可能对我国境内造成影响，或者在进口食品中发现严重食品安全问题的，国家出入境检验检疫部门应当及时采取风险预警或者控制措施，并向国务院卫生行政、农业行政、工商行政管理和国家食品药品监督管理部门通报。接到通报的部门应当及时采取相应措施。

第六十五条 向我国境内出口食品的出口商或者代理商应当向国家出入境检验检疫部门备案。向我国境内出口食品的境外食品生产企业应当经国家出入境检验检疫部门注册。

国家出入境检验检疫部门应当定期公布已经备案的出口商、代理商和已经注册的境外食品生产企业名单。

第六十六条 进口的预包装食品应当有中文标签、中文说明书。标签、说明书应当符合本法以及我国其他有关法律、行政法规的规定和食品安全国家标准的要求，载明食品的原产地以及境内代理商的名称、地址、联系方式。预包装食品没有中文标签、中文说明书或者标签、说明书不符合本条规定的，不得进口。

第六十七条 进口商应当建立食品进口和销售记录制度，如实记录食品的名称、规格、数量、生产日期、生产或者进口批号、保质期、出口商和购货者名称及联系方式、交货日期等内容。

食品进口和销售记录应当真实，保存期限不得少于二年。

第六十八条 出口的食品由出入境检验检疫机构进行监督、抽检，海关凭出入境检验检疫机构签发的通关证明放行。

出口食品生产企业和出口食品原料种植、养殖场应当向国家出入境检验检疫部门备案。

第六十九条 国家出入境检验检疫部门应当收集、汇总进出口食品安全信息，并及时通报相关部门、机构和企业。

国家出入境检验检疫部门应当建立进出口食品的进口商、出口商和出口食品生产企业的信誉记录，并予以公布。对有不良记录的进口商、出口商和出口食品生产企业，应当加强对其进出口食品的检验检疫。

第七章 食品安全事故处置

第七十条 国务院组织制定国家食品安全事故应急预案。

县级以上地方人民政府应当根据有关法律、法规的规定和上级人民政府的食品安全事故应急预案以及本地区的实际情况，制定本行政区域的食品安全事故应急预案，并报上一级人民政府备案。

食品生产经营企业应当制定食品安全事故处置方案，定期检查本企业各项食品安全防范措施的落实情况，及时消除食品安全事故隐患。

第七十一条 发生食品安全事故的单位应当立即予以处置，防止事故扩大。事故发生单位和接收病人进行治疗的单位应当及时向事故发生地县级卫生行政部门报告。

农业行政、质量监督、工商行政管理、食品药品监督管理部门在日常监督管理中发现食品安全事故，或者接到有关食品安全事故的举报，应当立即向卫生行政部门通报。

发生重大食品安全事故的，接到报告的县级卫生行政部门应当按照规定向本级人民政府和上级人民政府卫生行政部门报告。县级人民政府和上级人民政府卫生行政部门应当按照规定上报。

任何单位或者个人不得对食品安全事故隐瞒、谎报、缓报，不得毁灭有关证据。

第七十二条 县级以上卫生行政部门接到食品安全事故的报告后，应当立即会同有关农业行政、质量监督、工商行政管理、食品药品监督管理部门进行调查处理，并采取下列措施，防止或者减轻社会危害：

（一）开展应急救援工作，对因食品安全事故导致人身伤害的人员，卫生行政部门应当立即组织救治；

（二）封存可能导致食品安全事故的食品及其原料，并立即进行检验；对确认属于被污染的食品及其原料，责令食品生产经营者依照本法第五十三条的规定予以召回、停止经营并销毁；

（三）封存被污染的食品用工具及用具，并责令进行清洗消毒；

（四）做好信息发布工作，依法对食品安全事故及其处理情况进行发布，并对可能产生的危害加以解释、说明。

发生重大食品安全事故的，县级以上人民政府应当立即成立食品安全事故处置指挥机构，启动应急预案，依照前款规定进行处置。

第七十三条 发生重大食品安全事故，设区的市级以上人民政府卫生行政部门应当立即会同有关部门进行事故责任调查，督促有关部门履行职责，向本级人民政府提出事故责任调查处理报告。

重大食品安全事故涉及两个以上省、自治区、直辖市的，由国务院卫生行政部门依照前款规定组织事故责任调查。

第七十四条 发生食品安全事故，县级以上疾病预防控制机构应当协助卫生行政部门和有关部门对事故现场进行卫生处理，并对与食品安全事故有关的因素开展流行病学调查。

第七十五条 调查食品安全事故，除了查明事故单位的责任，还应当查明负有监督管理和认证职责的监督管理部门、认证机构的工作人员失职、渎职情况。

第八章 监督管理

第七十六条 县级以上地方人民政府组织本级卫生行政、农业行政、质量监督、工商行政管理、食品药品监督管理部门制定本行政区域的食品安全年度监督管理计划，并按照年度计划组织开展工作。

第七十七条 县级以上质量监督、工商行政管理、食品药品监督管理部门履行各自食品安全监督管理职责，有权采取下列措施：

（一）进入生产经营场所实施现场检查；

（二）对生产经营的食品进行抽样检验；

（三）查阅、复制有关合同、票据、账簿以及其他有关资料；

（四）查封、扣押有证据证明不符合食品安全标准的食品，违法使用的食品原料、食品添加剂、食品相关产品，以及用于违法生产经营或者被污染的工具、设备；

（五）查封违法从事食品生产经营活动的场所。

县级以上农业行政部门应当依照《中华人民共和国农产品质量安全法》规定的职责，对食用农产品进行监督管理。

第七十八条 县级以上质量监督、工商行政管理、食品药品监督管理部门对食品生产经营者进行监督检查，应当记录监督检查的情况和处理结果。监督检查记录经监督检查人员和食品生产经营者签字后归档。

第七十九条 县级以上质量监督、工商行政管理、食品药品监督管理部门应当建立食品生产经营者食品安全信用档案，记录许可颁发、日常监督检查结果、违法行为查处等情况；根据食品安全信用档案的记录，对有不良信用记录的食品生产经营者增加监督检查频次。

第八十条 县级以上卫生行政、质量监督、工商行政管理、食品药品监督管理部门接到咨询、投诉、举报，对属于本部门职责的，应当受理，并及时进行答复、核实、处理；对不属于本部门职责的，应当书面通知并移交有权处理的部门处理。有权处理的部门应当及时处理，不得推诿；属于食品安全事故的，依照本法第七章有关规定进行处置。

第八十一条　县级以上卫生行政、质量监督、工商行政管理、食品药品监督管理部门应当按照法定权限和程序履行食品安全监督管理职责；对生产经营者的同一违法行为，不得给予二次以上罚款的行政处罚；涉嫌犯罪的，应当依法向公安机关移送。

第八十二条　国家建立食品安全信息统一公布制度。下列信息由国务院卫生行政部门统一公布：

（一）国家食品安全总体情况；

（二）食品安全风险评估信息和食品安全风险警示信息；

（三）重大食品安全事故及其处理信息；

（四）其他重要的食品安全信息和国务院确定的需要统一公布的信息。

前款第二项、第三项规定的信息，其影响限于特定区域的，也可以由有关省、自治区、直辖市人民政府卫生行政部门公布。县级以上农业行政、质量监督、工商行政管理、食品药品监督管理部门依据各自职责公布食品安全日常监督管理信息。

食品安全监督管理部门公布信息，应当做到准确、及时、客观。

第八十三条　县级以上地方卫生行政、农业行政、质量监督、工商行政管理、食品药品监督管理部门获知本法第八十二条第一款规定的需要统一公布的信息，应当向上级主管部门报告，由上级主管部门立即报告国务院卫生行政部门；必要时，可以直接向国务院卫生行政部门报告。

县级以上卫生行政、农业行政、质量监督、工商行政管理、食品药品监督管理部门应当相互通报获知的食品安全信息。

第九章　法律责任

第八十四条　违反本法规定，未经许可从事食品生产经营活动，或者未经许可生产食品添加剂的，由有关主管部门按照各自职责分工，没收违法所得、违法生产经营的食品、食品添加剂和用于违法生产经营的工具、设备、原料等物品；违法生产经营的食品、食品添加剂货值金额不足一万元的，并处二千元以上五万元以下罚款；货值金额一万元以上的，并处货值金额五倍以上十倍以下罚款。

第八十五条 违反本法规定，有下列情形之一的，由有关主管部门按照各自职责分工，没收违法所得、违法生产经营的食品和用于违法生产经营的工具、设备、原料等物品；违法生产经营的食品货值金额不足一万元的，并处二千元以上五万元以下罚款；货值金额一万元以上的，并处货值金额五倍以上十倍以下罚款；情节严重的，吊销许可证：

（一）用非食品原料生产食品或者在食品中添加食品添加剂以外的化学物质和其他可能危害人体健康的物质，或者用回收食品作为原料生产食品；

（二）生产经营致病性微生物、农药残留、兽药残留、重金属、污染物质以及其他危害人体健康的物质含量超过食品安全标准限量的食品；

（三）生产经营营养成分不符合食品安全标准的专供婴幼儿和其他特定人群的主辅食品；

（四）经营腐败变质、油脂酸败、霉变生虫、污秽不洁、混有异物、掺假掺杂或者感官性状异常的食品；

（五）经营病死、毒死或者死因不明的禽、畜、兽、水产动物肉类，或者生产经营病死、毒死或者死因不明的禽、畜、兽、水产动物肉类的制品；

（六）经营未经动物卫生监督机构检疫或者检疫不合格的肉类，或者生产经营未经检验或者检验不合格的肉类制品；

（七）经营超过保质期的食品；

（八）生产经营国家为防病等特殊需要明令禁止生产经营的食品；

（九）利用新的食品原料从事食品生产或者从事食品添加剂新品种、食品相关产品新品种生产，未经过安全性评估；

（十）食品生产经营者在有关主管部门责令其召回或者停止经

营不符合食品安全标准的食品后,仍拒不召回或者停止经营的。

第八十六条 违反本法规定,有下列情形之一的,由有关主管部门按照各自职责分工,没收违法所得、违法生产经营的食品和用于违法生产经营的工具、设备、原料等物品;违法生产经营的食品货值金额不足一万元的,并处二千元以上五万元以下罚款;货值金额一万元以上的,并处货值金额二倍以上五倍以下罚款;情节严重的,责令停产停业,直至吊销许可证:

(一)经营被包装材料、容器、运输工具等污染的食品;

(二)生产经营无标签的预包装食品、食品添加剂或者标签、说明书不符合本法规定的食品、食品添加剂;

(三)食品生产者采购、使用不符合食品安全标准的食品原料、食品添加剂、食品相关产品;

(四)食品生产经营者在食品中添加药品。

第八十七条 违反本法规定,有下列情形之一的,由有关主管部门按照各自职责分工,责令改正,给予警告;拒不改正的,处二千元以上二万元以下罚款;情节严重的,责令停产停业,直至吊销许可证:

(一)未对采购的食品原料和生产的食品、食品添加剂、食品相关产品进行检验;

(二)未建立并遵守查验记录制度、出厂检验记录制度;

(三)制定食品安全企业标准未依照本法规定备案;

(四)未按规定要求贮存、销售食品或者清理库存食品;

(五)进货时未查验许可证和相关证明文件;

(六)生产的食品、食品添加剂的标签、说明书涉及疾病预防、治疗功能;

(七)安排患有本法第三十四条所列疾病的人员从事接触直接入口食品的工作。

第八十八条 违反本法规定,事故单位在发生食品安全事故后未进行处置、报告的,由有关主管部门按照各自职责分工,责令改正,给予警告;毁灭有关证据的,责令停产停业,并处二千元以上十万元以下罚款;造成严重后果的,由原发证部门吊销许可证。

第八十九条 违反本法规定,有下列情形之一的,依照本法第八十五条的规定给予处罚:

(一)进口不符合我国食品安全国家标准的食品;

(二)进口尚无食品安全国家标准的食品,或者首次进口食品添加剂新品种、食品相关产品新品种,未经过安全性评估;

(三)出口商未遵守本法的规定出口食品。

违反本法规定,进口商未建立并遵守食品进口和销售记录制度的,依照本法第八十七条的规定给予处罚。

第九十条 违反本法规定,集中交易市场的开办者、柜台出租者、展销会的举办者允许未取得许可的食品经营者进入市场销售食品,或者未履行检查、报告等义务的,由有关主管部门按照各自职责分工,处二千元以上五万元以下罚款;造成严重后果的,责令停业,由原发证部门吊销许可证。

第九十一条 违反本法规定,未按照要求进行食品运输的,由有关主管部门按照各自职责分工,责令改正,给予警告;拒不改正的,责令停产停业,并处二千元以上五万元以下罚款;情节严重的,由原发证部门吊销许可证。

第九十二条 被吊销食品生产、流通或者餐饮服务许可证的单位,其直接负责的主管人员自处罚决定作出之日起五年内不得从事食品生产经营管理工作。

食品生产经营者聘用不得从事食品生产经营管理工作的人员从事管理工作的,由原发证部门吊销许可证。

第九十三条 违反本法规定,食品检验机构、食品检验人员出具虚假检验报告的,由授予其资质的主管部门或者机构撤销该检验机构的检验资格;依法对检验机构直接负责的主管人员和食品检验人员给予撤职或者开除的处分。

违反本法规定,受到刑事处罚或者开除处分的食品检验机构人员,自刑罚执行完毕或者处分决定作出之日起十年内不得从事食品检验工作。食品检验机构聘用不得从事食品检验工作的人员的,由授予其资质的主管部门或者机构撤销该检验机构的检验资格。

第九十四条 违反本法规定,在广告中对食品质量作虚假宣传，欺骗消费者的，依照《中华人民共和国广告法》的规定给予处罚。

违反本法规定，食品安全监督管理部门或者承担食品检验职责的机构、食品行业协会、消费者协会以广告或者其他形式向消费者推荐食品的，由有关主管部门没收违法所得，依法对直接负责的主管人员和其他直接责任人员给予记大过、降级或者撤职的处分。

第九十五条　违反本法规定，县级以上地方人民政府在食品安全监督管理中未履行职责，本行政区域出现重大食品安全事故、造成严重社会影响的，依法对直接负责的主管人员和其他直接责任人员给予记大过、降级、撤职或者开除的处分。

违反本法规定，县级以上卫生行政、农业行政、质量监督、工商行政管理、食品药品监督管理部门或者其他有关行政部门不履行本法规定的职责或者滥用职权、玩忽职守、徇私舞弊的，依法对直接负责的主管人员和其他直接责任人员给予记大过或者降级的处分；造成严重后果的，给予撤职或者开除的处分；其主要负责人应当引咎辞职。

第九十六条　违反本法规定，造成人身、财产或者其他损害的，依法承担赔偿责任。

生产不符合食品安全标准的食品或者销售明知是不符合食品安全标准的食品，消费者除要求赔偿损失外，还可以向生产者或者销售者要求支付价款十倍的赔偿金。

第九十七条　违反本法规定，应当承担民事赔偿责任和缴纳罚款、罚金，其财产不足以同时支付时，先承担民事赔偿责任。

第九十八条　违反本法规定，构成犯罪的，依法追究刑事责任。

第十章　附　则

第九十九条　本法下列用语的含义：

食品，指各种供人食用或者饮用的成品和原料以及按照传统既是食品又是药品的物品，但是不包括以治疗为目的的物品。

食品安全，指食品无毒、无害，符合应当有的营养要求，对人体健康不造成任何急性、亚急性或者慢性危害。

预包装食品,指预先定量包装或者制作在包装材料和容器中的食品。

食品添加剂,指为改善食品品质和色、香、味以及为防腐、保鲜和加工工艺的需要而加入食品中的人工合成或者天然物质。

用于食品的包装材料和容器,指包装、盛放食品或者食品添加剂用的纸、竹、木、金属、搪瓷、陶瓷、塑料、橡胶、天然纤维、化学纤维、玻璃等制品和直接接触食品或者食品添加剂的涂料。

用于食品生产经营的工具、设备,指在食品或者食品添加剂生产、流通、使用过程中直接接触食品或者食品添加剂的机械、管道、传送带、容器、用具、餐具等。

用于食品的洗涤剂、消毒剂,指直接用于洗涤或者消毒食品、餐饮具以及直接接触食品的工具、设备或者食品包装材料和容器的物质。

保质期,指预包装食品在标签指明的贮存条件下保持品质的期限。

食源性疾病,指食品中致病因素进入人体引起的感染性、中毒性等疾病。

食物中毒,指食用了被有毒有害物质污染的食品或者食用了含有毒有害物质的食品后出现的急性、亚急性疾病。

食品安全事故,指食物中毒、食源性疾病、食品污染等源于食品,对人体健康有危害或者可能有危害的事故。

第一百条 食品生产经营者在本法施行前已经取得相应许可证的,该许可证继续有效。

第一百零一条 乳品、转基因食品、生猪屠宰、酒类和食盐的食品安全管理,适用本法;法律、行政法规另有规定的,依照其规定。

第一百零二条 铁路运营中食品安全的管理办法由国务院卫生行政部门会同国务院有关部门依照本法制定。

军队专用食品和自供食品的食品安全管理办法由中央军事委员会依照本法制定。

第一百零三条 国务院根据实际需要，可以对食品安全监督管理体制作出调整。

第一百零四条 本法自 2009 年 6 月 1 日起施行。《中华人民共和国食品卫生法》同时废止。

参考文献

[1] 巴泽尔. 产权的经济分析[M]. 上海:上海三联书店,上海人民出版社,1997:17-57.

[2] 白世贞,王文利. 供应链复杂系统资源流建模与仿真[M]. 北京:科学出版社,2008.

[3] 陈锡文,邓楠. 中国食品安全战略研究[M]. 北京:化学工业出版社,2004.

[4] 陈晓萍,徐淑英,樊景立. 组织与管理研究的实证方法[M]. 北京:北京大学出版社,2008.

[5] 邓淑芬,吴广谋,赵林度等. 食品供应链安全问题的信号博弈模型[J]. 物流技术,2005,10:135-137.

[6] 樊孝凤. 生鲜蔬菜质量安全质量治理的逆向选择与产品质量声誉模型研究[M]. 北京:中国农业科学技术出版社,2008.

[7] 冯忠泽. 中国农产品质量安全市场准入机制研究[M]. 北京:中国农业出版社,2008.

[8] 弗兰西斯·路纳,本尼迪克特·史蒂芬森. SWARM 中的经济仿真:基于智能体建模与面向对象设计[M]. 北京:社会科学出版社,2004:280-303.

[9] 韩俊. 中国食品安全报告(2007)[M]. 北京:社会科学文献出版社,2007.

[10] 何炎祥,陈莘萌. Agent 和多 Agent 系统的设计与应用[M]. 武汉:武汉大学出版社,2001.

[11] 胡斌,周明. 管理系统模拟[M]. 北京:清华大学出版社,2008.

[12] 胡定寰,Gale, Fred 和 Thomas Reardon. 试论"超市+农产品加工

企业+农户"新模式[J].农业经济问题,2006,1:36-39.

[13]胡定寰."农超对接"怎样做？[M].北京:中国农业科学技术出版社,2010.

[14]胡定寰.农产品二元结构——超市发展对农业部门和食品安全的影响和作用[J].中国农村经济,2005,2:12-17.

[15]黄超.基于Agent的供应链管理系统建模与仿真.[硕士学位论文].武汉:华中科技大学图书馆,2005.

[16]蒋侃.生鲜农产品供应链的分析及其优化[J].沿海企业与科技,2006,1:59-61.

[17]雷雨.我国生鲜蔬菜产业纵向协作研究——来自食品安全管理的视角.[硕士学位论文].武汉:华中农业大学图书馆,2008.

[18]梁志超.国外绿色食品发展的过程、现状及趋势[J].中国食物与营养,1999,3:31-34.

[19]刘华等.Borland C++ Builder 程序设计[M].北京:清华大学出版社,2001.

[20]刘晓光,刘晓峰.计算经济学研究新进展——基于Agent的计算经济学透视[J].经济学动态,2003.11.

[21]刘奕湛.国家食品药品监督管理局改由卫生部管理[N].经济参考报,2008-09-02.

[22]陆卫忠,刘文亮等.C++ Builder 6 程序设计教程[M].北京:科学出版社,2005.

[23]吕志轩.农产品供应链与农户一体化组织引导:浙江个案[J].改革,2008,3:53-57.

[24]吕志轩.食品供应链中纵向协作诠释及其概念框架[J].改革,2007,5:33-40.

[25]梅成刚,马进德,陆正武等.C++ Builder 项目开发实践[M].北京:中国铁道出版社,2003.

[26]秦富,王秀清等.欧美食品安全体系研究[M].北京:中国农业出版社,2003.

[27]萨缪·鲍尔斯.微观经济学:行为、制度和演化[M].北京:中国人民大学出版社,2006.

[28] 桑乃泉.食品产业纵向联合、供给链管理与国际竞争力[J].中国农村经济,2001,12:42-48.
[29] 沈玮.一个消费型城市的全体系监管[N].21世纪经济报道,2007-03-13.
[30] 世界银行.中国水果和蔬菜产业遵循食品安全要求的研究[M].北京:中国农业出版社,2006.
[31] 孙小燕.农产品质量安全信息传递机制研究[M].中国农业大学出版社,2010.
[32] 谭涛,朱毅华.农产品供应链组织模式研究[J].现代经济探讨,2004,5:24-27.
[33] 汪普庆,李春艳.食品供应链的组织演化——一个演化博弈视角的分析[J].湖北经济学院学报,2008.10:90-94.
[34] 汪普庆,周德翼,吕志轩.农产品供应链的组织模式与食品安全[J].农业经济问题,2009,3:8-12.
[35] 汪普庆,周德翼."合同农业"对保障农产品质量安全的机制探析[J].西北农林科技大学学报:社会科学版,2007,5:9-12.
[36] 汪普庆,周德翼.我国食品安全监管体制改革:一种产权经济学视角的分析[J].生态经济,2008,4:98-101.
[37] 王华书.食品安全的经济分析与管理研究[M].北京:中国农业出版社,2010.
[38] 王可山,赵剑锋等.农产品质量安全保障机制研究[M].北京:中国物资出版社,2010.
[39] 王胜利,周海鸥.中美畜产食品安全监管比较研究[M].北京:人民出版社,2010.
[40] 王秀清,孙云峰.我国食品市场上的质量信号问题[J].中国农村经济,2002,5:27-32.
[41] 王耀忠.外部诱因和制度变迁:食品安全监管的制度解释[J].上海经济研究,2006,7:62-72.
[42] 王志刚.市场、食品安全与中国农业发展[M].北京:中国农业科学技术出版社,2006.
[43] 卫龙宝,卢光明.农业专业合作组织对农产品质量控制的作用

分析——以浙江省部分农业专业合作组织为例[J].中国农村经济,2004,2:36-41.

[44] 卫龙宝,王恒彦.安全果蔬生产者的生产行为分析[J].农业技术经济,2005,6:2-9.

[45] 魏国辰,肖为群.基于供应链管理的农产品流通模式研究[M].北京:中国物资出版社,2009.

[46] 吴秀敏.我国猪肉质量安全管理体系研究[M].北京:中国农业出版社,2006.

[47] 伍建平.农产品市场失败与政府监管[J].中国农业大学学报:社会科学版,1999,3:59-60.

[48] 夏英.食品安全保障:从质量标准体系到供应链综合管理[J].农业经济问题,2001,11:59-62.

[49] 肖人彬,龚晓光等.管理系统模拟[M].北京:电子工业出版社,2009.

[50] 徐金海.政府监管与食品安全[J].农业经济问题,2007,11:84-90.

[51] 徐景和.食品安全综合监督探索研究[M].北京中国医药科技出版社,2009.

[52] 徐晓新.中国食品安全:问题、成因、对策[J].农业经济问题,2002,10:45-48.

[53] 徐绪松.复杂科学管理[M].北京科学出版社,2010.

[54] 宣慧玉,高宝俊.管理与社会经济系统仿真[M].武汉:武汉大学出版社,2002.

[55] 杨明亮.中外食品安全监管体制及其比较[J].中国食品卫生杂志,2008,1:51-56.

[56] 杨万江,李勇,李剑锋等.我国长江三角洲地区无公害农产品的经济效益分析[J].中国农村经济,2004,4:17.

[57] 杨万江.食品安全生产经济研究——基于农户及其关联企业的实证分析[M].北京中国农业出版社,2006.

[58] 杨万江.食品质量安全生产经济:一个值得深切关注的研究领域[J].浙江大学学报:人文社会科学版,2006,11:136-141.

[59] 杨为民. 农产品供应链一体化模式初探[J]. 农村经济,2007,7: 33-35.

[60] 杨为民等. 中国蔬菜供应链优化研究[M]. 北京:中国农业出版社,2007.

[61] 余菁. 案例研究与案例研究方法[J]. 经济管理,2004,20:24-29.

[62] 张纪海. 国民经济动员系统建模与仿真研究[M]. 北京:北京理工大学出版社,2008.

[63] 张利国. 无公害蔬菜生产经济效益分析——基于江苏省的调查[J]. 安徽农业科学,2006.24:54.

[64] 张鹏. 基于多主体建模的品牌市场演化模型及其仿真研究. [硕士学位论文]. 济南:山东大学图书馆,2007.

[65] 张曙光. 中国制度变迁的案例研究(第1集)[C]. 上海:上海人民出版社,1996.

[66] 张涛,孙林岩. 供应链不确定性管理:技术与策略[M]. 北京:清华大学出版社,2006.

[67] 张维迎. 信息、信任与法律[M]. 北京:生活·读书·新知三联书店,2003,8.

[68] 张雨,吴俊丽,李秀峰. 保障食品安全的供应组织模式[J]. 北京农业职业学院学报,2004,5:39-42.

[69] 张云华,孔祥智,罗丹. 安全食品供给的契约分析[J]. 农业经济问题,2004,8:25-28.

[70] 张云华. 食品安全保障机制研究[M]. 北京中国水利水电出版社,2007.

[71] 张云华. 农户采用无公害和绿色农药行为的影响因素分析——对陕西、陕西和山东15县(市)的实证分析[J]. 中国农村经济,2004,1:41-49.

[72] 张志宽. 浅析欧美食品安全监管的基本原则[J]. 中国工商管理研究,2005,6:5-7.

[73] 赵建欣. 农户安全蔬菜供给决策机制研究:基于河北、山东和浙江蔬菜专业户的实证[M]. 北京:中国社会科学出版社,2009.

[74] 赵一夫. 中国生鲜蔬果物流体系发展模式研究[M]. 中国农业

出版社,2008.

[75] 周德翼,吕志轩,汪普庆等. 食品安全的逻辑[M]. 北京:科学出版社,2008:15-35.

[76] 周德翼,杨海娟. 食物质量安全管理中的信息不对称与政府监管机制[J]. 中国农村经济,2002,6:29-35.

[77] 周洁红,黄祖辉. 食品安全特性与政府支持体系[J]. 中国食物与营养,2003,9:13-15.

[78] 周洁红. 生鲜蔬菜质量安全管理问题研究:以浙江省为例[M]. 北京:中国农业出版社,2005.

[79] 周洁红. 消费者对蔬菜安全的态度、认知和购买行为分析——基于浙江省城市和城镇消费者的调查统计[J]. 中国农村经济,2004,11:44-52.

[80] 周应恒,耿献辉. 信息可追踪系统在食品质量安全保障中的应用[J]. 农业现代化研究,2002,6:57.

[81] 周应恒. 现代食品安全与管理[M]. 北京:经济管理出版社,2008.

[82] 周曙东,戴迎春. 供应链框架下生猪养殖户垂直协作形式选择分析[J]. 中国农村经济,2005,6:30-36.

[83] 朱行. 美国农业合同发展概况[J]. 粮食科技与经济,2008,1:52-53.

[84] Andersen, E. S. The evolution of credence goods: A transaction approach to product specification and quality control[J]. *MAPP working paper* no.21, 1994, 5.

[85] Amanor-Boadu, V. and L. J. Martin. *Vertical Strategic Alliances in Agriculture*[M]. George Morris Centre, Guelph, Ontario, Canada, 1992.

[86] Antle J M. *Choice and Efficiency in Food Safety Policy*[M]. Washington DC: The AEI Press, 1995, 198-211.

[87] Antle J M. Efficient Food Safety Regulation in the Food Manufacturing Sector[J]. *American Journal of Agricultural Economics*, 1996, 78:1242-1247.

[88] Araji A A. The Effect of Vertical Integration on the Production

Efficiency of Beef Cattle Operations[J]. *American Journal of Agricultural Economics*, 1976, 58(1):101-104.

[89] Barzel, Y. Measurement Costs and the Organization of Markets [J]. *Journal of Law and Economics*, 1982, 25(1): 27-48.

[90] C Boone. A. Verbeke. *Strategic Management and Vertical Disintegration: A Transaction Cost Approach*[R]. //Thepot, J. and Thietard, A. (ed.), Microeconomic Contribution to Strategic Management, Amsterdam: Elsevier Science, 1991.

[91] Bureau J C., Gozlan E., Marette S. *Food Safety and Quality Issues: Trade Considerations*[R]. Paris: Organisation for Economic Co-operation and Development (OECD), 1999: 89-112.

[92] Butz E. L. The Social and Political Implications of Integration[J]. *Agricultural Institute Review*, 1958, 11: 41-50.

[93] Caswell J A. How Labeling of Safety and Process Attributes Affects Markets for Food[J]. *Agricultural and Resource Economics Review*, 1998, 27(2): 151-158.

[94] Caswell J A., Mojduszka E M. Using Informational Labeling to Influence the Market for Quality in Food Products[J]. *American Journal of Agricultural Economics*, 1996, 78:1248-1253.

[95] Caswell J A., Padberg D I. *Toward a more comprehensive theory of food labels*[J]. *American Journal of Agricultural Economics*, 1992, 74:460-468.

[96] Caswell, J. A. *Economics of Food Safety*[M]. NY: Elsevier Science Publishing Company, Inc., 1991.

[97] Christien J. M. Ondersteijn et al. *Quantifying the agri-food supply chains*. Springer, the Netherlands, 2006.

[98] Coase. The New Institutional Economics [J]. *Journal of Institutional and Theoretical Economics*, 1984, 140 (March): 229-231.

[99] Collins N R. Changing Role of Price in Agricultural Marketing[J]. *Journal of Farm Economics*, 1959, 41:528-534.

[100] Connor J M., Schiek W A. *Food Processing: An Industrial Powerhouse in Transition*[M]. New York: John Wiley & Sons, 1997, 67-89.

[101] Darby, et al, Free Competition and Optimal Amount of Fraud [J], *Journal of Law and Economics*, Vol. 16, 1973, 4:67-86.

[102] Davis J H. Policy Implications of Vertical Integration in United States Agriculture[J]. *Journal of Farm Economics*, 1957, 39: 300-312.

[103] Douma, et al. *Economic Approaches to Organizations*[M]. Prentice Hall International (UK) Ltd, 1992.

[104] Ebbertt J. Personal Communication[J]. *Farmland Industries*, 1999: 6-22.

[105] Ebbertt J. The Impacts of Biotechnology on the Grain Processing Industry[J]. *AgBio-Forum*, 1998, 1(2):78-80.

[106] Featherstone A M., Sherrick B J. Financing Vertically Coordinated Agricultural Firms [J]. *American Journal of Agricultural Economics*, 1992, 74(5):1232-1237.

[107] Frank, et al. Transaction Costs as Determinants of Vertical Coordination in U. S. Food Industries[J]. *American Journal of Agricultural Economics*, 1992, 74(4):941-950.

[108] Fred Gale, Kuo Huang. 2007, *Demand for Food Quantity and Quality in China*[OL], USDA, http://www.ers.usda.gov.

[109] Gordon A D. Changes in Food and Drink Consumption, and the Implications for Food Marketing. //*The Future of Food, Long-term Prospects for the Agro-food Sector*[R]. Paris: Organisation for Economic Co-operation and Development (OECD), 1998: 91-110.

[110] Grossman S J. The Information Role of Warranties and Private Disclosure about Product Quality [J]. *Journal of Law and Economics*, 1981, 24:461-483.

[111] Grossman S J., Hart O D. The Costs and Benefits of Ownership:

A Theory of Vertical and Lateral Integration [J]. *Journal of Political Economy*, 1986, 94.

[112] Harrigan, K. R. Vertical Integration and Corporate Strategy[J]. *Academy of Management Journal*, 1985, 28:397-425.

[113] Hart, O., John Moore. Property Rights and the Nature of the Firm[J]. *Journal of Political Economy* 1998,6:1119-1158.

[114] Hayenga M L., Schrader L F. Formula Pricing in Five Commodity Marketing Systems [J]. *American Journal of Agricultural Economics*, 1980, 62(4).

[115] Henderson D R. *Between the Farm Gate and the Dinner Plate: Motivations for Industrial Change in the Processed Food Sector* [R]. *The Future of Food: Long-term Prospects for the Agro-Food Sector*[R], Paris: Organisation for Economic Co-operation and Development (OECD), 1998:111-140.

[116] Hennessy, David A., Information Asymmetry as a Reason for Food Industry Vertical Integration [J]. *American Journal of Agricultural Economics*, 1996, vol. 78, 11:1034-1043.

[117] Hennessy, et al. Miranowski. Leadership and the Provision of Safe Food [J]. *American Journal of Agricultural Economics*, 2001, vol. 83(4).

[118] Hobbs J E. Transaction Costs and Slaughter Cattle Procurement: Processors' Selection of Supply Channels [J]. *Agribusiness*, 1996, 12 (6).

[119] Hobbs J E., Kerr WA. Structural Developments in the Canadian Livestock Subsector: Strategic Positioning Within the Continental Market[R]. //Loyns R M A, et al. *Economic Harmonization in the Canadian/U. S./ Mexican Grain-Livestock Subsector. Proceedings of the Fourth Agricultural and Food Policy Systems Information Workshop*, University of Guelph, 1998:125-143.

[120] Hobbs J E., Plunkett M D. Genetically Modified Foods: Consumer Issues and the Role of Information Asymmetry [J].

Canadian Journal of Agricultural Economics, 1999, 7 (4): 445-455.

[121] Hobbs J E., Young L M. Closer Vertical Co-ordination in Agrifood Supply Chains: A Conceptual Framework and Some Preliminary Evidence[J]. *Supply Chain Management*, 2000, 5(3): 131-142.

[122] Hobbs, J. E. A Transaction Cost Analysis of Quality, Traceability and Animal Welfare Issues in UK Beef Retailing[J]. *British Food Journal*, 1996a, 98(6): 16-26.

[123] Hobbs, J. E. A Transaction Cost Approach to Supply Chain Management[J]. *Supply Chain Management*, 1996c, 1(2): 15-27.

[124] Hobbs, J. E., L. M. Young. Closer Vertical Co-ordination in Agrifood Supply Chains: A Conceptual Framework and Some Preliminary Evidence[J]. *Supply Chain Management*, 2000, 5(3): 131-142.

[125] Hobbs, J. E., W. A. Kerr. Costs of Monitoring Food Safety and Vertical Coordination in Agribusiness: What Can Be Learned from the British Food Safety Act 1990? [J]. *Agribusiness*, 1992, 8(6).

[126] Hobbs, J. E. Measuring the Importance of Transaction Costs in Cattle Marketing [J]. *American Journal of Agricultural Economics*, 1997, 79(4): 1083-1095.

[127] Hobbs, J. E. transation Costs and Slaughter Cattle Procurement: Processors' Selection of Supply Channels [J]. *Agribusiness*, 1996b, 12(6): 509-523.

[128] Hodgson, G. M. Competence and Contract in the Theory of the Firm[J]. *Journal of Economic Behavior & Organization*, 1998, 35(2): 179-201.

[129] Jones L A., Mighell R L. Vertical Integration As a Source of Capital in Farming. //Baum, et al. *Capital and Credit Needs in*

a Changing Agriculture[R]. Ames: Iowa State University Press, 1961:147-160.

[130] Kalaitzandonakes N., Maltsbarger R. Biotechnology, Identity Preserved Crop Systems, and Economic Value[C]. // the 3rd Annual Conference on Chain Management in Agribusiness and the Food Industry, Management Studies Group, Netherlands: Wageningen Agricultural University, 1998, 5. James A., et al. Using Case Studies as an Approach for Conducting Agribusiness Research[J]. *International Food and Agribusiness Management Review*, 1998, 1(3):311-327.

[131] Kerr WA., et al. *Marketing Beef in Japan* [M]. New York: Haworth Press, 1994:102-117.

[132] Kilmer R L. Vertical Integration in Agricultural and Food Marketing [J]. *American Journal of Agricultural Economics*, 1986, 68:5.

[133] Kindinger P E. Biotechnology and the AgChem Industry [J]. *AgBio Forum* 1998, 1(2).

[134] Kinsey J. Changes in Food Consumption from Mass Market to Niche Markets. // Schertz L P, et al. Food and Agricultural Markets: the Quiet Revolution [R]. *U. S. Department of Agriculture, Economic Research Service*, 1997:19-43.

[135] Knight. *Risk, Uncertainty, and Profit*[M]. New York: Harper & Row, 1965.

[136] Klos, Tomas B., Bart Nooteboom. Agent-based computational transaction cost economics[J]. *Journal of Economic Dynamics & Control*, 2001 (25): 503-526.

[137] Kolb J H. *Some Issues for Farm Families Associated with Vertical Integration in Agriculture. Vertical Integration in Agriculture* [R]// Report No. 3. Proceedings from the Western Agricultural Economics Research Council in Reno. Nevada: 1959, 11: 11-13.

[138] Langlois, R. N., N. J. Foss. *Capabilities and Governance: the Rebirth of Production in the Theory of Economic Organization* [C]. Danish Research Unit for Industrial Dynamics, Working Paper No. 97-2, 1997,1.

[139] Mahoney, J. T. The Choice of Organizational Form: Vertical Financial Ownership Versus Other Methods of Vertical Integration [J]. *Strategic Management Journal*, 1992, 13:559-584.

[140] Marks L A., Freeze B., Kalaitzandonakes N. The AgBiotech Industry-A U. S. -Canadian Perspective[J]. *Canadian Journal of Agricultural Economics*, proceedings issue, 1999.

[141] Martin L L., Zering K D. Relationships between Industrialized Agriculture and Environmental Consequences: The Case of Vertical Coordination in Broilers and Hogs [J]. *Journal of Agricultural and Applied Economics*, 1997, 29(1):45-56.

[142] Ménard, et al. Organizational Issues in the Agri-Food Sector: Toward a Comparative Approach [J]. *American Journal of Agricultural Economics*, 2004, 86(3).

[143] Michael Spence. Competitive and optimal responses to signals: An analysis of efficiency and distribution [J]. *Journal of Economic Theory*, 1974, 7(3):296-332.

[144] Michael Spence. Job Market Signaling[J]. *The Quarterly Journal of Economics*, 1973, 87(3):355-374.

[145] Mighell R L., Jones L A. *Vertical Coordination in Agriculture* [R]. U. S. Department of Agriculture, Economic Research Service. *Agricultural Economic Report*, 19, 1963, 2.

[146] Nelson, P., Information and Consumer Behavior[J], *Journal of Political Economy*, Vol. 78,1970, 8:311-329.

[147] Organization for Economic Co-operation and Development (OECD). *Structure, Performance and Prospects of the Beef Chain* [C]. Extract from Series Agricultural Products and Markets. Paris: OECD, 1978: 34-65.

[148] Peterson, et al. Strategic Choice along the Vertical Coordination Continuum[J]. *International Food and Agribusiness Management Review*, 4(2001):149-166.

[149] Phillips P. *Innovation and Restructuring in Canada's Canola Industry* [C]. // The 3rd Annual Conference on Chain Management in Agribusiness and the Food Industry, Management Studies Group. Netherlands: Wageningen Agricultural University, 1998, 5.

[150] Prentice B E. *Re-engineering Grain Logistics: Bulk Handling versus Containerization* [C]. // Working Paper, Transport Institute. Winnipeg: University of Manitoba, 1998.

[151] Raynaud, Emmanuel, *Governance of the Agri-food Chains as a Vector of Credibility for Quality Signalization in Europe.* // 10th EAAE Congress: "Exploring diversity in the European Agri-food System" August 28-31, Zaragoza, Spain.

[152] Ruerd Ruben, et al. *Agro-food chains and networks for development*[M]. Springer, the Netherlands, 2006.

[153] Starbird, S. A.. Moral hazard, inspection policy, and food safety [J]. *American Journal of Agricultural Economics* 87 (2005):15-27.

[154] Sauvée L. Toward an Institutional Analysis of Vertical Coordination in Agribusiness. // Royer J S. et al. *The Industrialization of Agriculture: Vertical Coordination in the US Food System* [M]. UK: Ashgate Publishing Ltd, Aldershot, 1998:45-87.

[155] Shapiro C. Premiums for High Quality Products as Returns to Reputations[M]. *Quarterly Journal of Economics*, 1983, 98:659-679.

[156] Shelanski, H. A., P. G. Klein. Empirical Research in Transaction Cost Economics: A Review and Assessment [J]. *Journal of Law, Economics and Organization*, 1995, 11(2):335-361.

[157] Teece, et al. Winter. Understanding Corporate Coherence: Theory and Evidence[J]. *Journal of Economic Behavior and Organization*, 1994, 23(1):1-30.

[158] Vetter, Henrik, Kostas Karantininis. Moral Hazard, Vertical Integration, and Public Monitoring in Credence Goods[J]. *European Review of Agricultural Economics* 2002, 29, (2): 271-279.

[159] Von Witzke H., Hanf C H. BST and International Agricultural Trade and Policy.// Hallberg M C., et al, *Bovine Somatotropin and Emerging Issues*[M]. West View Press, 1992: 87-96.

[160] Williamson, O. E. Transaction Cost Economics: The Governance of Contractual Relations[J]. *Journal of Law and Economics*, 1979, 22: 233-262.

[161] Wysocki, et al. Quantifying Strategic Choice Along the Vertical Coordination Continuum[J]. *International Food and Agribusiness Management Journal*. 2003, 6(3):112-134.

[162] Yin, Robert K.. *Case Study Research: Design and Method* (3rd ed.)[M], London: Sage, 2003.

后 记

本书是在我博士学位论文的基础之上，对原文的结构和内容进行调整，更新相关信息和数据，加入新的思考而成。博士论文的完成和出版得益于诸多良师益友及亲人的帮助和支持，希望以下菲薄的文字能或多或少地表达我内心的感激之情。

首先，对我的导师周德翼教授致以深深的谢意。七年前，当我还在人生的十字路口徘徊迷惘之时，幸得周老师收留，才成为"德翼门生"的一员，并此后跟随恩师踏上探究学术的道路。多年来的点点滴滴时常萦绕在我的脑海，忘不了老师为了获得真实详尽的资料，带领我们"夜袭"深圳布吉农产品批发市场，还有夜宿农户家；忘不了老师经常与我们讨论问题至深夜，迫使老师连同我们都练就了一身"飞檐走壁"的功夫；忘不了在这物欲横流的时代，老师总是鼓励我们要耐得住寂寞，保持独立自主地思考，追求自由和真知；忘不了……总而言之，周老师治学严谨的学术态度，学识渊博、思想深邃和思维活跃的学术观点，朴实无华和淡泊名利的人格魅力，令我如沐春风，备感温馨，并时时鞭策我奋勇前进。

感谢华中农业大学经济管理学院的李崇光教授、张安录教授、青平教授、蔡根女教授、严奉宪教授、李艳军教授、陶建平教授和齐振宏教授等在论文中给予的指导；感谢曹士龙、王勇、何德华、张军、何坪华、张巍、章德宾、柳鹏程等老师给予我的帮助和支持，和他们的讨论使我受益匪浅。

感谢华中农业大学求学期间博士班的瞿翔、黄江泉、张家胜、李文芳、翁贞林、谭世明、孙能利、杜江和任艳胜等同学，与他们同吃同住同上课的日子，让我永远难忘，并将那份友谊珍藏心底；感谢同门的兄弟姐妹们与我并肩作战，互相帮助，互相鼓励，他们是：肖唐华和樊孝凤师姐、周向阳、吕志轩和罗丙能等师兄,还有王茂丽、李春艳、王科、雷雨、施晟、刘珍、曹彦军、姜玲玲、韩媛、戢琴、杨雯、张文飞、马骏等。

感谢武汉工业学院祁华清教授、杨孝伟教授、刘红红书记、雷银生教授、龙子午教授、顾桥教授、杨洛新教授、沈翠珍教授、万卉林副教授、陈云飞副教授、蔡小勇副教授、李援亚副教授等给予的大力支持和帮助。

感谢我的家人,没有他们的关心、照顾、支持与包容,我无法顺利完成学业。然而,时值今日尚未能给予他们些许回报,常使我甚感愧疚。我的父母数十年来一直无私奉献,为我付出了巨大心血;我的岳母岳父为了让我能专心学习,包揽了所有家务;我的爱人邓芳老师,为了让我能安心学习完成学业,默默独自承担家庭重任,并在繁重的工作之余为我的论文投入了极大精力;我即将出世的孩子也为我带来了新的希望和动力。

本书能够顺利出版,我还要特别感谢武汉大学出版社的相关人员的建议和辛勤工作。

涵盖蔬菜在内的食品安全问题是涉及多重因素、多类行为主体共同作用和相互影响而成的问题;是动态演化的复杂性问题。彻底破解我国食品安全问题任重道远,相关研究也亟待深入与加强。本书以蔬菜为例,对我国食品安全问题进行了积极地探索,并提出了一些自己的观点和建议,鉴于作者的学识和资料所限,难免有许多不足之处,恳请各位专家和读者不吝赐教。

最后,希望在全社会各类组织机构和各界人士的共同努力下,不断促进我国食品安全水平的提高,早日实现真正的食品安全。

汪普庆
2011 年 11 月于武汉南湖花园·沁康园